丰沛之旅

迎接财富与美善的觉知之路

淇雅　著

華夏出版社
HUAXIA PUBLISHING HOUSE

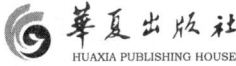

内容简介

财富即美善。

改善与财富的关系，是我们每个人的生命课题之一。如何才能达成"一身织锦，满心欢喜"的生命状态？如何才能激活我们自身的财富动力？本书将与你 同探讨，在丰沛之旅中同行。

在许多关于身心灵成长的阐释中，往往将"连接内心智慧"描述得神秘而玄妙，并常伴随着以失败、苦痛为转折点的开悟。这类成长方式虽引人入胜，但因过于感性，忽视逻辑建构与心理机制的基础，这样的个人经历可能会引导那些尚在成长之路摸索的个体转为刻意追求痛苦体验，违背了成长的初衷。在顿悟中成长的方式并非适合每一个读者，它们往往掺杂了作者个人的许多经验与智慧，难以复制。因此，本书的初衷之一，是让读者意识到自身的财富力量。

真正剖析心灵成长中的财富面，在操作中引领潜意识，自然产生正知正见，才能提供切实有效的帮助。

没有生涩难懂的"玄幻"语句，本书语言轻松易懂，符合当下快生活快节奏人的阅读习惯；没有"缥缈不定"的顿悟，本书将以心理学为基础讨论人人都能读懂的宇宙能量运作法则；没有枯燥的长篇大论，本书将用简单基础的冥想练习带你连接内在的深层力量，切实改善与提升生命质量。

任何人都能自助地成长，任何人都有资格享受财富。

感谢我爱的人
感谢同行的你

目录

第一部分　身心灵修行　　001

第一章　从头脑到心灵的回家之路　　003
一、在冲突与和解中回归本源　　004
二、允许错误自然发生　　006
三、求神问卜的你想要探寻什么？　　008
　　1. 成长是体验的最高目的　　012
　　2. "修行法门"与内在力量　　013
四、财富基础课　　015
　　1. 承认金钱的本源力量　　015
　　2. 优化你固有的财富模式　　018

　　　　实例 1　热衷衣柜的父亲　　　　　　　　　　　023

　　　　练习 1　检验你的财富模式　　　　　　　　　　024

　　3. 财富基础课的"字母表"：由头脑走向心的财富解决

　　　　之道　　　　　　　　　　　　　　　　　　　　026

第二部分　财富动力学　　　　　　　　　　　029

第二章　拿到属于你的丰裕之匙　　　　　　　031

一、将匮乏转化为培育丰盛的土壤　　　　　　　　　　032

　　　　练习 1　经营你的财富花园　　　　　　　　　　034

二、拥抱丰裕？你可能需要具备的品质　　　　　　　　038

三、培养"确信感"，运用财富图像显化丰盛　　　　　043

　　　　练习 2　培养确信感　　　　　　　　　　　　　044

　　　　练习 3　吸引财富的"藤蔓"冥想　　　　　　　046

　　　　实例 1　小女孩的洋娃娃　　　　　　　　　　　049

　　　　练习 4　吸引具体事物的"实现"冥想　　　　　053

　　　　实例 2　我如何吸引到我的宠物　　　　　　　　056

第三章　财富动力学　　　　　　　　　　　　059

一、流动的盛宴——发掘财富循环的动力体系　　　　　060

二、个体是财富的"中转站"，激发财富动力的内在含义　063

　　1. 激活财富动力，开启财富的灵性力量　　　　　　067

练习1　激活财富动力，调用财富的力量　　068
　　　实例1　我的财富管理　　070
三、付出与接受　　071
　　1. 你就是你所谈论的：金钱故事的预示　　071
　　2. 我允许自己接受一切美好　　072
四、完善财富系统意识　　077
　　1. "我的理想事物为何不能很快到来？"　　077
　　2. "我能为财富做些什么？"　　083
　　　练习2　检视三问　　084
　　　练习3　对待财富的思路　　092
　　3. "如何选择财富课程，怎样知道这是最适合我的？"　　093

第三部分　财富通道与情绪　　097

第四章　财富通道与财富空间　　099
一、财富通道　　100
二、财富空间　　102
　　　练习1　如何疏通财富通道　　104
　　　练习2　疏通与净化你的财富通道　　107

第五章　情绪，迎接丰盛的关键一步　　109
一、专业对待你的情绪　　110

1. 你的攻击是在"喊疼"吗？　　　　　　　　　111
　　2. 成为管道而非容器　　　　　　　　　　　　113
　　　　练习 1　疏通与安放情绪的"地球"冥想　　115
　　3. 保护自己的情绪不受影响　　　　　　　　　118
　　　　练习 2　保护自己不受外界负能量干扰的"色彩防护"冥想　121

二、向宇宙寻求更大美善　　　　　　　　　　　　　124
　　1. 全面扩张财富之流　　　　　　　　　　　　124
　　　　练习 3　扩大财富入口，向宇宙寻求更大美善　　125
　　2. 向宇宙提出要求　　　　　　　　　　　　　127
　　　　实例 1　放手后的丰盛　　　　　　　　　　129

第四部分　财富与事业　　　　　　　　　　　　131

第六章　财富与事业　　　　　　　　　　　　　133
一、财富只与你是谁有关　　　　　　　　　　　　134
　　1. "有人与我抢夺财富"，这是真的吗？　　　135
　　2. "为什么我得到钱这么阻碍重重？"　　　　138
　　　　实例 1　赚钱总是阻碍重重，这是报应吗？　140
　　　　实例 2　我的钱从天上掉下来　　　　　　　142
　　　　实例 3　幸运女神降临了　　　　　　　　　143
二、用心送出服务　　　　　　　　　　　　　　　144
　　1. 无论如何，我都会用心送出服务　　　　　　144

    2. 增强你的职业光芒与职业气场   147
        实例 4   热爱无须努力   150
    3. 一杯咖啡与一下午的闲谈——创业，看起来很美?   152
三、找到你生命中的职业   154
    1. 你想过去从事热爱的职业吗?   154
        实例 5   努力创业的背后   158
    2. 热爱让你脱离困境   162
    3. 如何找到我的生命职业   164
        练习 1   找到你的生命职业   165

读者感言   169

第一部分
身心灵修行

无论你是谁，
都必须允许金钱参与你的生活；
无论你拥有怎样的内心力量，
都必须遵循财富的能量法则。

第一章

从头脑到心灵的
回家之路

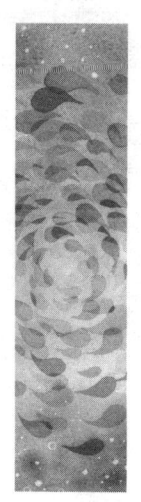

一、在冲突与和解中回归本源

你是否时常有疲惫的感受？在当下，娱乐方式正日渐丰富，但我们中的很多人却频繁体察到"欢乐时光"后的乏味感。你是否有过一方面想要体验"新异"与"快乐"感受的激情，另一方面却又时常对此感到厌倦？以"逃离都市""世界很大，我要去看看""受够了世俗繁华，该有诗和远方"等为主题的心灵宣泄类话题随处可见。我们常说的"身心俱疲"，往往就是这种状态。

我们的身与心怎么了？

在现代生活中，科技的全面参与，使得信息的接收途径发生了巨大改变。在社会环境日渐复杂的大前提下，我们所接收到的各类繁杂信息中，也携带着参差不齐的能量频率。与物质和信息匮乏的时代相比，身处现代生活中，无论你是否允许，都有更多信息能够自由地进入我们的头脑。

然而，这些信息的数量远大于我们在可意识范围内能够处理的信息量。这意味着，大量的信息在并没有被过滤和加工的情况下，就进入我们的头脑之中，潜移默化地对身心产生影响。在这样的情况下，我们的头脑被迫受到干扰，远离宁静。

这种能量环境改变的大背景，为每个个体带来了适应和改变的需要。在适应与改变的过程中，对我们最直接的影响往往体现在身体和心灵的混乱上。例如，嘈杂而片刻不停的头脑；倦怠、乏味、悲观，甚至是抑郁体验；寻求刺激的迷茫、混乱的心；缺乏活力的身体，甚至身体困扰。更进一步，这些负面的感受也会衍生出各种心因性疾病。

与此同时，最初一批愿意深入心灵环境、具有改善心身系统意识的人士，率先接触到了心灵成长的系统方式。也正是因为这一群体的出现，在很大程度上唤醒了更多人"心灵需要滋养"的健康意识，并以此为契机，逐渐发展出了更具灵性与更高心灵层面的选择，例如瑜伽、茶道、静坐、禅修、身心灵修行等方式。

身心不和，是"身心俱疲"的根源。寻求头脑与身体上的宁静与和平，往往是改善心灵环境的最初步骤。

头脑和身体首先需要承担这样的责任：避免接收杂乱信息，为心灵力量提供扩展的环境，使之升起并壮大。我们的身体作为意识与信息的承载工具，是率先接收到信息波动的前哨。无论你接收到的信息质量如何，身体与潜意识都会在第一时间照单全收。因此，在心灵力量还相对薄弱的阶段，我们在面对杂乱信息时就显得非常无力。这时，身体的健康与活力就显得格外重要。

很多人会选择食素调整身体能量，这的确是明确的选择之一。适当的素食对于提升健康水平、清洁身体环境，都有很大的帮助。而清理与滋养身体，往往是改善心灵环境的第一步。

随着心灵力量的稳步成长、日渐提升，就能够更多地分担头脑与身体的负担。它会自发地协助身体过滤掉外界信息，帮助你分辨出哪些信息能够服务于你的最高成长，哪些信息可能为你带来混乱。日渐成长的心灵力量会为你平衡头脑的过度思考，引领你做出针对当下成长阶段最合适的选择。

二、允许错误自然发生

> "错误"都是为了扩展你的意识而来的。它们像一面镜子，让你看到，在当下的成长阶段，有什么是你尚未注意到的。

即便明晰了心灵力量的重要性，在生活中仍然会有很多

第一部分
身心灵修行

这样的时刻：虽然我们已经能够意识到心灵的指向，却依然选择跟随混乱思考后的欲求——这便产生了内在冲突。

我们在不同的成长阶段，往往会面临不同类型的冲突。以心理学家埃里克森的代表性理论为例，处在成年早期的群体，往往要应对"亲密与孤独"的冲突。一方面，他们在人际中有对亲密关系与爱的需求，在另一方面，这同样也需要勇气。无论如何，只有首先处理好自身的孤独，能够与自身相处，才能真正地达到人际的亲密。

这是一个对于心灵发展非常重要的成长时期。这一时期要求我们从扮演对外界表示关注与索要的角色，转为真正与自身相处、敢于直面孤独的个体。很多个体在应对这一冲突时选择首先回归内心去探究，进而改善与外界的关系。总之，无论你是谁，冲突都存在于我们生活的每一个阶段之中。

承认冲突是生活的必要组成部分。无论是你与外界的观念冲突，还是头脑与心灵的内在冲突，冲突未必不是好事，它不应当成为你用尽全力想要避免的事物。实际上，每一次与冲突的积极和解都会为你带来成长。

同样，提升内心的力量也并非在帮助你不再犯错。在成长中，从没有所谓的正确选择。你所做的每一个选择都是在为那个最高的心灵成长铺路。相反，一些"错误"也许是成长阶段中必要的体验，每一个"错误"都是为了扩展你的意识而来的。它们像一面镜子，让你看到，在当下的成长阶段中，有什么是你尚未注意到的。接纳"成长中会犯错"这件事本身就是改善心灵环境的重要一步。一旦"错误"被承认，并被当作自然现象而接纳，则会最大程度上减少你在成长道路上遭遇的阻碍。当你承认"成长中会犯错"，你就拥有了从头脑走向心灵的力量。

三、求神问卜的你想要探寻什么？

> 无须羡慕所谓"命好"的人，当你意识到自己内心有那不生不灭的力量时，这就是你踏上觉知之路的开始。

你是否有过求神问卜、占卜前途的经历？当你寻求占卜的时候，是出于对当下的困惑，希望找到一个突破口，还是出于对未来的不安，想要通过占卜预知在未来会发生什么？

我的一些个案常常选择通过各类占卜探寻自己的金钱状况。当被告知某一时期财运走低、容易破财的时候，总是显得心慌意乱，急忙寻求一些招财物件试图减少破财。似乎，

第一部分
身心灵修行

如果不能"抓住"财富,那么至少抓住一些招财物件,如此才会安心。

长久以来,我们对于财富的理解往往过于局限。很多人将"掌握更多金钱"等同于"拥有财富"。在这样的观念之下,一旦提及财富问题,我们就习惯性地表现出对金钱的担忧,并从担忧转为索求。我们认为,如果不去无限制地索求与掌握金钱,就失去了生命中所有的财富,变得一无所有。在这一理解层面上,如果去寻找心慌意乱的原因,其中最重要的理解就是,我们将金钱等同于财富。

当然,也有一些从不参与占卜的人,他们并不相信占卜的力量会影响生活,在他们看来,占卜是"无用"的。但是,他们同样对于自己无法掌控的事情感到惊慌,对可能失败的交易、可能失去收益的业务等感到无法忍受甚至崩溃。实际上,这种心态的人与求神问卜之后依靠招财物件作为安慰的群体相比,双方都并不显得高明。与其说我们谈论的问题围绕着"求神问卜",不如说,我们是在就"求神问卜"的行为倾向来谈论"不安"。

是什么造成我们对财富缺失的不安?这种不安的根源是什么?实际上,金钱并不仅仅是财富的唯一代表物。当我们从未通过发展内心的力量来支撑自己,就更倾向于从外界寻找一种事物去掌控与占有,试图填补内心的那份恐惧和无力感。例如,我们认为如果不掌握金钱,就丢掉了命运。

实际上，在所谓"财运不佳、大运不好"的时候，也许是你个人命理中，将要经历的一段财流退潮期。只要生活在地球上，我们就无法避免业力的影响。我们常说，有因必有果。你所收获的，都是你曾经播撒的种子。这些种子，不仅播种在你当下的行为中，也植根于你的前世经历，对你产生或好或坏的影响。正如"种善因，得善果"，你种下的善，总会成长为一种助力和福报，相反，则会收获"考验"。这些影响共同构成了你的个人命理情况。因此，无法避免的，我们在呱呱坠地时，家庭状况就成就了我们最初的财富环境。正如有的人一直一贫如洗，有的人从出生起，就被各方面的成功顺遂所围绕，这都是在我们出生之后，生活的最初水平。

但是，如果你认为，你的人生已经成了定局，想要了解和把握你的生命进程只能依靠求神问卜，那么，你就走在一条业力之路上，受业力摆布，人生真的只能是一种"被安排"了。

而实际上，这个环境只是在我们业力下的"基础水平"的设定，它只是你的"肉身环境"。这个环境会随境遇、突发事件所改变，它并不是长久的。而相对的，你对于每一种境遇的理解和觉知，才是那真正不生不灭的事物，才是真正属于我们内心的力量。所有"不幸"的轮回都是一种善意的提醒，它们在等待我们向内寻求、找回这种力量，成为觉知的

第一部分
身心灵修行

自己。这样，我们才能掌握生命进程中的力量，突破"被安排"的局面。

当然，能够坐享前世福报对今生来说是一件"幸福"的事情，但这并非代表我们只能被动地被业力所安排。在财富的探索中也一样——我接触过身价数十亿却仍为金钱功课痛不欲生的个案，也被路边的乞丐发自内心的喜悦感染过。如果你认为是命运的安排使你经历物质匮乏与苦难，那么你就是将快乐等同于"占有财富"。如果你把占有金钱当作喜悦的唯一条件，那么你可能既不会达成金钱自由，也无法感受快乐。

因此，无须羡慕所谓"命好"的人，在你意识到自己内心有那不生不灭力量的一刻，就是你踏上觉知之路的开始。

保持觉知与成长、开放的态度，就能够使你财富的能量流稳定和增长。带有觉知地处理与金钱的关系，是你找回内心力量的第一步。容易产生歧义的是，很多人认为，达成觉知需要找一个山头"修炼"，实际上并不是这样。当你能够学会正视财富，不带有任何偏见或仰望，这就是觉知的开始。它可以发生在每一个当下，但并不是什么神秘的力量。你无须"大彻大悟"才能达成觉知，只要你始终保持开放的态度，正视并愿意修通每一个小课题，这便已经走在觉知的路上了。

1. 成长是体验的最高目的

在成长的路上，从没有什么事情是偶然发生的，无论在那个当下，事件对你的影响如何，它们往往都是对你的犒赏或提醒。在这个层面下，任何事件都不应被贴上好或坏的标签，它们仅仅是一种体验、一段经历。但如果你认为体验就是"随心所欲，为所欲为"，这就意味着，你是在打着体验的幌子，将它作为逃避成长、拒绝承担责任的借口。

体验常常被断章取义的误解。常常存在这样一些人，他们将体验当作拒绝改善和学习的借口："既然一切都是体验，为什么我们不能做这件事呢？我想要尽情地体验。我不想工作就去挥霍父母的钱，我生气了就吵架发泄，插足他人婚姻也是我的灵魂自由，如果我想同时拥有很多性伴侣，那我就只管去做。"

藏在这样的观念背后，存在这样一个危机——这并非走在觉知的路上，相反，这离觉知越来越远。体验的代名词是"修正与成长"。这意味着，你需要时刻观照，以一颗清明的心面对所有的生活事件，而并非随着欲望越走越远。实际上，当你尚未修正自己的心，又让欲望走在了最前面，这时所产生的欲求就是混乱的。它不仅蒙蔽了你的心，也很难让你真正地达成"所欲"。任何体验都不能脱离成长功课的学习，正如长期暴饮暴食之后，肠胃会用病痛做出提醒。在收到"警告"之后，就有必要做出改变，否则，它会带来更大的混乱与伤害要求你负责。

真正的修行是，改善体验的质量，寻求更高的灵魂之路。因此，体验并不是顺着业力之路越走越偏——体验的真正目的是成长。

2. "修行法门"与内在力量

无论你的觉知程度如何，只要我们仍然在地球上生活，就无一例外地需要学习"如何好好生活"这一门功课。这就意味着，身心灵的成长不是虚无缥缈的事物，它能协助你挖掘发自内心的智慧，它是实际而落地的。它觉知，不生不灭，但它能随缘起万千妙用。

在真正的内在力量面前，一些不恰当的形式仅仅是"心外求法"。很多人将完成一些行为与内在力量的充盈画上等号。比如，穿着宽大的棉麻服装，不分场合地盘腿而坐；将卧室装修成禅房的样式；把不喜欢的东西送给朋友作为"断舍离"……

这些形式的完成常常被等同于"有力量"。一个常见的观念是：完成这些任务，我就能获得内在力量，它们是相关的。

然而，如果长久以来，你从未考虑过做出心念、情绪和应对方式上的改变，而只希望依靠这些表面的"禅意"来为自己提供力量，那么，你的能量频率就仍停留在那个浮躁的层级。

的确，这些形式会为你提供一段时间的滋养，但是，由于你尚未连通心的力量，它们的功用仅仅相当于一种安慰剂——为你提供短时的、自认为的"健康"。一旦遇到冲突事件，你仍旧会在第一时间选择那个惯有的解决方式，轻易地将原本被压抑的愤怒、评判、不平衡等内心的负面能量全部爆发出来。实际上，这些负面能量从未离开过你。

内在力量是你所拥有的圆满智慧，它与任何简陋或看上去高大的形式无关。我曾接触过通晓这些"修行方式"的人，他们谈及各类修行方法都如数家珍。但即使这些人可能在许多人眼中具有非凡的"力量"，却依然无法处理好生活的功课，甚至连妥善照顾自己都不能，总是借钱度日，入不敷出。

总而言之，如果不去面对生活的功课，只凭借生活形态上的"禅意"，就不能真正地帮你改善心念，遇见内在的力量。

发觉自己内在的力量，实际上，这就是修行本身。拥有内在力量并不是让你在生活中过得像个乞丐，相反，这种力量能够为你实现由内而外的丰盛与富足。它不是谁的所有物，它是一种人人本就拥有，等待你去挖掘的内心动力。

四、财富基础课

> 无论你是谁,都必须允许金钱参与你的生活;无论你拥有怎样的内心力量,都必须遵循财富的能量法则。

1. 承认金钱的本源力量

"如何获取金钱""如何与金钱相处",是所有生活在地球的人都无法避免的功课。金钱作为当前地球上最主要的交换工具,它的潜在含义是——无论你是谁,都必须允许金钱参与你的生活;无论你拥有怎样的内心力量,都必须遵循财富的能量法则。

我们无法使得财富凭空掉下来,但是我们能够令财富以最直接、有效、稳定、喜乐的方式为我们服务。

财富是一种能量,它的运作方式是围绕着我们循环,同时流经我们。我们无法"抓住"这些能量之流,然而,我们能够调整自身的能量状况,成长为"能够拥有丰盛财富"的状态。在这种状态之下,财富会自然来到你身边,与你成为朋友。这时,我们便与"财流"达成了和解,让它们更稳定地流动在身边，丰盛与繁荣我们的生活。

"能量"是一直存在的，任何事物都有自己的能量频率，它代表着一定水平的"生命力层级"。如今我们更多用"活力""生命力""上升力"这一类词语来表述能量，并用能量频率的高与低、正与负来形容人和事物的生命动能。

例如，爱、喜悦、平和、友善、满足、和谐、协作等正面品质，都属于我们常说的"正能量"，它泛指一系列较高的能量等级。更多地提升正能量，会有利于身心灵的平衡发展。相反的，愤怒、悲伤、阴郁、悲观、嫉妒、八卦信息、暴饮暴食、滥交、暴力、不当的娱乐方式等，则会对生命质量产生负面影响。这些对我们生命质量产生负面影响的能量属于较低的能量层级，可以将与它们类似的品质划分进熟悉的"负能量"概念中。

在这样的角度下，每一种事物、每一个个体及其情绪、想法、观念、模式，都携带不同频率的能量，我们把所有这些能量特质的集合叫作能量场。

其实，如果探寻能量本身，它们并没有正负的讲究。在现代意义中，一个拥有正能量的人，往往更多地具有上面所说"友爱""喜悦""和谐"等正面品质，从而构建出更健康的人格与更具活力的身体。长久保持与发展正面能量的个体，会被这些正面品质所组成的能量空间包围，形成正面能量场。相反的，当某个体长久地接触负面频率的事件与念头，他会

第一部分
身心灵修行

变得缺乏活力,并更多地吸引到极具负面内容的人与事,长久地体验情绪低潮和"运势不佳"。

这里我们所提到的能量场,是以个体为中心组成的能量空间,它将我们完美地包裹在其中,并"播放"着心念、头脑和行为中的所有信息,它是你自身能量总和的投射。如果你自身携带有较多的负面能量,它会污染你的能量场,使其浑浊、缩小、产生漏洞,为你提供的保护日渐减少,在这种情况下,外界的不良信息就会更容易影响到你。

同频相吸。通常,拥有正面能量的个体往往能够被高频率的事物所吸引,同时也能吸引更多散发着正能量光芒的事物到来。仔细去观察身边的人与事,通过他们的能量状况,往往也能够判断出自己当下处于何种能量中。如果你的周围存在冲突、争执、嫉妒等,看看它们是否也存在于你的内心当中?如果你的宠物总是生病,那么,看看自己的生活方式是否也存在不健康的地方?如果你在努力成长,周围的人也会相应改变。无须为失去一个不能跟上你成长步伐的朋友感到惋惜,在成长的道路上,总有人会走得更快。当你愈发拥有正面能量,总会遇见更好的人与事。

相同的道理,如果你认为,你的生活并没有理想中那么顺遂的时候,就更需要回归自己的内心,看看在自身哪里出了问题。问问自己:我是拥有正面能量的吗?我还有哪些地方需要改善呢?

同样，对于财富也是如此。如果你能感受到你与财富之间存在着一些屏障，莫名地阻挡了财富去到你身边的通路，或是在面对财富时无法适从，总是不知道如何有效运用财富的力量。那么，这就需要你去查看，在你与财富的相处中哪里出了问题，并去寻求真正的相处与解决之道。

2. 优化你固有的财富模式

> 无论你对于财富的获得有怎样的理解，它们都是最初那个，在你小小的心灵中形成的财富模式的变式。

我们所固有的财富模式由多种原因组成。童年经验与创伤、潜意识等因素，能够解释为何我们会在自身的成长中，在头脑中产出自己的财富模式。而这个产出的财富模式必然与我们的思维方式、性格特征和经验阅历紧密相连。向内挖掘我们自身的童年经历与创伤、潜意识等问题，能够帮助我们了解财富模式的产生全过程，更进一步解决自身财富模式的内在症结。

圆融与循环——这本身就是一种动力系统。它并不偏颇于光明面或阴暗面,它们的结合就像一个完美的圆,一旦达成这种圆融,事物就得以前进与扩展……

第一部分
身心灵修行

● 童年经验与创伤

在每个人的童年经验中,父母往往参与了我们财富模式的最初形成。家庭环境造就了我们最初的财富环境,这是我们最早融入的"社会"。这个环境深深扎根于每个人的潜意识中。

从你出生起,在尚未有能力获得金钱的阶段中,正是你继承父母金钱观的时期。这段时期占据了我们人生中并不短的一段时间。金钱观念的表达,往往从你对父母表达需求开始。如果在你的儿时,对父母提出想要一个玩具,却得到了"这个玩具太贵,从小要学会节约",或是"咱们家不富裕,你要懂事一点,这么贵的玩具,就不要想了!"的答复,甚至受到的是在你看来莫名其妙的训斥:"你这个孩子怎么这样不懂事,张口就要,不知道节约和珍惜,当咱们家是开银行的吗?""我们家节衣缩食都是为了你",等等。如果你的父母一直过度节约,为你做了一个过苦日子的榜样,那么你可能会形成一种财富模式——"只要价格便宜就好,我的真实需求并不重要"。这样,在今后遇到任何一笔超过父母财富水平的消费时,你的潜意识都会搬出从父母那里习得的理财之道,触碰着你的创伤,代替父母斥责你的浪费和不懂事,要求你继续在这种界限中行事。

创伤经历会在我们的潜意识中割裂出一道巨大的伤疤,如果你没有对它进行任何处理,这个伤疤就会"吸引"来性质与种类相似的伤害，在你的生活情境中制造出或大或小的混乱。而相反的，在金钱完全自由的家庭中成长的孩子，会更少地遭到父母莫名的评判，他们往往可以自由地表达需要，更容易地获得富足体验，正如他们的父母一样。

总而言之，在成长中，我们的金钱观念与财富模式，都经过了父母的言传身教和"层层把关"，而我们也会牢记父母所制定的财富界限：哪些不该得到、哪些不配得到、哪些想都别想……小心翼翼地避免触碰，以获得父母财富水平下的"金钱自由"。之后，在我们有获得金钱的能力之后，在获得财富的道路上，即使没有了父母的干预，也依然会无意识地认同父母对待财富的方式。换句话说，如果你并没有发展出足够的心灵力量，那么，你在获取任何事物的道路上，都不过是在"套用"父母的模式。这并不是指，假使你在靠养鸡勉强度日的家庭中长大，你也会从事相同的饲养职业。这是指你内心当中真正的匮乏程度，我们很多人也把它叫作"格局"或"心量"，而这种匮乏会投射出你匮乏的生活——即使在物质如此丰盛的大环境下。

- 潜意识的作用

潜意识是人类在一切活动中不能被认知或尚未被认知到的部分。它时刻发生着作用，潜移默化地影响着我们。潜意

第一部分
身心灵修行

识是一种已经发生,但并未达到意识状态的心理活动过程。正是由于它并没有达到意识状态的层面,我们无法意识到它。

我们可以将潜意识理解为一本《心理辞典》,它记录着我们人类的集体潜意识信息、前世创伤印记和过往经验,这些积累往往成为我们的潜在经验。无论处在何种情境,潜意识都会第一时间翻开这本《心理辞典》,查阅在以往我们遇到这类情况时是如何处理的,并选择一类最熟悉的方式,传送给意识,配合大脑与身体各方面的协调,产生反应。因此,我们在第一时间产生的行为反应往往是潜意识选择的一个范本。

经典心理学理论中将知觉和潜意识这样解释:如果知觉整体是海上的一座冰山,那么,潜意识就是潜藏在海平面下的冰山的大部分。而与潜意识相比,我们能够觉察到的部分称为意识,它只是海平面上露出的,小小的冰山一角。我们所能意识到的信息单位之少,根本无法与潜意识中自动产生的信息内容相比。

因此,我们所有的行为和习惯,一定是首先被潜意识和头脑率先加工后的产物——这种加工的行为你很少能有所觉察。

但是,多亏了这种加工行为的存在,使我们可以做到——提升被加工的信息质量,同时创造更多美好的体验,为潜意识提供高质量的"书写素材"。这一点同样可以大幅度地改善我们的财富状况。

本书中的方法与事例，很大程度上都是为这个目的服务的。实际上，这也是如何提升我们财富品质中最重要的事情。

在生命的最初，我们的需要主要集中在对于生存的需求上，这在物质世界中，往往体现为对饮食、玩具和金钱的需要。随着我们逐渐社会化，则发展出更多的需求。例如，同伴交往需求、社会价值需求、自我实现需求等，种种需求都要得到满足。然而，在今后，无论你对于财富的获得有怎样的理解，这些理解都是在你原来那颗小小心灵中所形成的财富模式上的变式。

第一部分 身心灵修行

实例1 热衷衣柜的父亲

我的父亲在装修新房的时候,总是热衷于设计各式各样的柜子,把墙壁挡住,用母亲的话说,我们都在柜子的"包围"之中。在一次与父亲的交谈中,我询问了他关于这一做法的内心来源。父亲说,在他小的时候,家里非常穷,可以用"家徒四壁"来形容。有一年,家里挣了不少钱,我的爷爷所做的第一件事情,就是为家里添置了一个又大又漂亮的柜子,挡住了那面简陋、破烂,还有坑洞的墙。这个稀罕玩意儿惹得亲戚和村里的邻居都来看,并且毫不吝啬地给予赞美。这让父亲感觉到丰盛、安全与自豪。父亲说,这是他童年中,第一次切实体验到富足的事情。许多年过去了,父亲把日子过得越来越好,他已经几十年没有再想起关于这个柜子的故事。然而,在面对新家的装修时,关于这个柜子的记忆,在潜移默化中影响了他的装修风格——即使墙壁不再简陋和破烂,他依然乐此不疲地用各式各样的漂亮柜子挡住墙壁,这是他为新家增添富足感与安全感的方式。

在这件事中可以看到,父亲对于柜子的记忆是与富足和安全紧密相连的。在当时小小的他的潜意识中,植根了一种关于柜子的富足感。这种富足感一直影响着他,并在每一个需要装修的事件中显露出来。这是父亲的财富模式。

练习1　检验你的财富模式

目前你固有的财富模式，是你的经验和创伤碰撞的产物。下面是在能够得到一笔资源的情境下，常见的心理过程。阅读这些内容，并在与你曾产生过的类似想法后面打√。

"我真的能拥有它吗？这个东西一定是明星和有钱人才买得起的，恐怕我一辈子也无法得到吧。"　　（　）

"这个太贵了，我用着真的很浪费，我用一个便宜的就好了。"　　（　）

"这个职位需要很强的能力，我觉得自己一定不能胜任，还是放低标准吧。"　　（　）

"我长相一般，财力一般，工作一般……我如此普通，恐怕不配得到一个优秀的爱人，配不上那么好的另一半，所以将就一下得啦。"　　（　）

"他们那么优秀，我这种水平的人根本接触不到，我

永远也别指望那么高端的人际关系了。"　　　（　）

这些评价是你自身的财富模式与童年经验、头脑中的惯性思维模式相互碰撞的产物。

在你想要拥有一样事物之前,往往会通过无意识地自动加工,将这个事物与自身财富模式相平衡之后,产生评价与判断。在对于财富(资源)的思考中,直觉中的反应往往最与我们固有的财富模式相贴近。

如果你的最初反应就与以上练习中的句子类似,那么,它们就是你现在拥有的财富模式。回顾过去,大概你已经发现,你的财富状况确实是按照以上这些类似模式被安排的。这些问题都是由你的怀疑、不配得到、不自信、恐惧、控制等情绪和模式产生的。

在明确了你的财富模式如何形成之后,在接下来的成长过程中,就该面临逐步改善与修整的任务了。如何看待意识中的财富模式?通过怎样的方式才能够带来改善?——这样的问题就显得尤为重要。

3. 财富基础课的"字母表":由头脑走向心的财富解决之道

就像学会任何语言都要先学习它的字母表一样,在本书中,本段内容如同语言中的"字母表"、论文中的"摘要"一样重要。在前一部分内容中,我们所讲到的童年经验与创伤、潜意识等问题,能够解释在我们的身体构造下财富模式在头脑中的产出过程。财富模式与你的思维方式、性格特征、经验阅历等紧密相连。

了解财富模式在我们头脑中的产出过程,是"财富基础课"的重中之重,它是一种针对认知的梳理与导引。如果将本书比作论文,那这一部分可以被看作整篇的摘要,它显示了全篇内容的结构与最有价值的核心部分,带给我们框架上的明晰。

为什么要学习这份"字母表"?

正如我们在前面的内容中所说,本章的目的在于协助你"承认金钱的本源力量",了解你的基本财富模式,这能够让你在面对财富或与财富相关情境的"刺激源"时明晰你固有的反应,以及确认这种反应是否需要被改善。这种"刺激—反应"的过程,属于我们意识上的认知过程。而在第二节内容中,我们了解了"修行"的基本法——它的本质往往在很大程度属于由脑到心,再同步发展的过程。

第一部分
身心灵修行

这份"字母表"(或者说是"摘要")首先会在我们的意识上产生作用,有这样的意识观念作为基础,就可以让我们在之后的学习过程中参考这一框架进行探索,让成长变得更高效、更深入。而我们在前面所讲的内容,正是对财富观念、财富模式的形成起着引导与梳理的作用。你与财富的一切关系,都将以此为基础,并在你之后的生命进程中,不断被修整与完善。

当你能够更好地把握你与头脑和身体的关系,你就为心的探索留出了更多精力与空间。就像我们常说的价值观的形成一样,头脑意识的成熟是心智成熟的基础。但这并非意味着头脑是最具智慧的,你必须严格听从头脑的安排。它的意义在于:意识上的成熟能够促使我们打开内心,发展心的力量,并适当保护我们减少成长中的伤害。

在头脑中的成熟与明晰之外,我们还有一种内心智慧,它并不受到身体素质与思维方式的限制,这是一种不生不灭的力量。它帮助我们不仅仅只能使用头脑的力量,受其限制,而是能遵循更高的法则。在接下来的内容中,本书将系统讲述如何开发内心的智慧,让心灵力量与头脑力量达到平衡,共同为我们的财富状况服务。

第二部分
财富动力学

你就是财富的中转站,是激活财富动力的核心。
在你内心油然而生的高峰体验,就是创造性的力量。
我知道,我在个人成长上的投入,终将丰裕自己。

第二章

拿到属于你的丰裕之匙

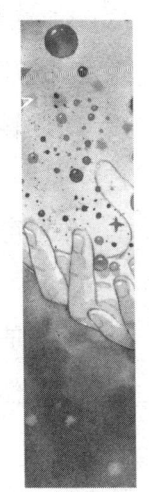

一、将匮乏转化为培育丰盛的土壤

> 我们每个人都是财富的中转站,是激活财富动力的核心。

拥有丰盛的意识对于创造财富是有巨大帮助的。相对的,匮乏感往往是财富的巨大敌人。

匮乏感的产生往往不代表着你真实的拥有水平。更多的,它与你的心理判定相关。无论你的判定是"缺少""减少"还是"难以得到",它都随你的判定过程而带来的情绪不良波动和安全感下降相关。

就像是乞丐与亿万富翁匮乏感的来源并不相同的道理一样。假设你是一个正在经历低谷的生意人,正面临每月利润从 50 万元降低到 20 万元的危机。在这种情况下,你会经历怎样的心理状态与波动?实际上,每月 20 万元的收入在当下社会也属于较高的水平,但你依然可能会体验到匮乏感。

第二部分
财富动力学

在童年就能轻易获得财富的人，往往能够更加平和地看待财富。他们会视财富为伙伴，与财富交朋友。而在童年时期频繁体验匮乏的人，在之后的成长过程中更容易体验到相似的匮乏感。疏通、处理匮乏感是一个长久的过程。在这个长久的过程中，体验丰盛的喜悦感是应对匮乏感最为快速而准确的方式。体验丰盛的喜悦感，并记住这种感受，逐渐我们就能够将匮乏感转化为培育丰盛的土壤。

虽然我们无法选择童年的成长环境，但无论拥有怎样的经历，你对"丰盛"二字一定有自己的理解。在某些程度上，丰盛可能是富足感受的源泉。同时，富足的感受也会带来丰盛感的体验，二者是相互影响的。可以说，在一定意义上，丰盛感就是富足体验的变式。

我还记得我自己最初体验丰盛的感觉，那是记事起第一次抬头看到漫天繁星时的心情。现在回想起来，仍然能够感受到来自宇宙满满的安全感和它给予我的源源不断的力量——宇宙好大，我可以做一个安心快乐的孩子。

这就是我对丰盛最初的理解。我也一直运用这个感受去正面影响我与金钱的关系。对于金钱，我能感觉到它是我的朋友。当我有需要时，它一定会到来。这个伙伴永远使我安心，为我带来力量。

练习1　经营你的财富花园

这是一个转化匮乏感的有效练习。直面匮乏感，将匮乏感拉入自己的"阵营"。要将匮乏感转化为力量，并让这股力量为自己服务，才是我们最明智的选择。

1. 你的财富花园是什么样子的？

每个人都有一个意识中的财富象征物。它可能是一颗水晶球，也可能是一座宫殿。但在练习中，我们需要选择一个能够"经营"和"扩大"的意象，这会对扩展丰盛意识提供便利。因此，打造财富的花园会是一个长久的、具有可发展性的良好选择。

如何建造你自己的财富花园？我们需要几个细节，帮助意识扩展。

请闭上眼睛，找一个朋友将下面这段话读给你听，或者朗读录音后播放。请记住，这个花园能够体现你的财富能量现状。

"现在闭上眼睛，深呼吸，放松你的身体，将注意力投注在你的内心，感受自己置身于一个花园。现在你眼前的，就是你的财富花园。

这个花园美吗？面积大吗？天气如何？是乌云密布

还是阳光明媚?

低头看看你身边,花园里种了些什么花?花朵们的状态好吗?是生命力旺盛还是状态欠佳呢?这些花分布均匀吗?哪里的花更密集些呢?

试着转身,细细观察你的花园。这就是你的财富花园。试着把每一个细节都看得更清楚,记住你的感觉。

你爱这个花园吗?你喜爱哪里?哪里又是你不满意的地方呢?"

当你结束这次冥想,请将你对于财富花园这段话的回答记录在纸上,方便你回忆。

2. 改造你的花园

在上一个练习中,我们看到了自己的财富图像。如果在你的花园中,还有令你不满意的地方,这往往是匮乏感或"不配得"的投射。

去改造你的花园,就能修正你与财富的关系。

在初次改造练习中,花朵与花园的状态是最主要的目标。当然,细节的改造也不容忽视。

亲自去到你的花园中劳作吧!你是唯一的园丁!

哪些花朵需要格外照顾?是否需要更多阳光?哪里可以多种一些花?土地是否缺少养分?它们需要水吗?

按照你的意愿去改造吧!这里没有监督你的老板,

没有评判你的客户,一切只遵循一个原则——你满意就好。

现在重新环顾你的花园:它与最初的时候相比,有了怎样的改善?是否让你置身其中,能够感受到更多的喜悦与平和?如果你真的路过一个如此美丽的花园,是否愿意驻足,多欣赏一会儿呢?

重复改造与"劳作",你的财富花园带给你的喜悦就是你所拥有的丰盛意识的力量。你所有的努力已经在不知不觉中产生了巨大的作用,你已经修正了意识中的匮乏感,找回了自己创造丰盛的力量。

3. 经营与扩展你的花园

现在,你已经拥有了一个美丽的花园。在这之前,你一直是这个花园里唯一的园丁。在你的改造下,这个花园越发引人入胜。

然而,花朵总有生长周期。衰败后的花朵怎么办?我需要时常看护花园、照顾土地、修理围栏、清理杂草。平日里的工作已经繁重不堪,还要照顾一个头脑中的花园,我怎样才能有足够的精力?

当你认真地完成了改造花园的任务后,大概会有以上疑问。这个疑问正在提醒你:是时候为经营和扩展你的花园,寻求助手了。

第二部分
财富动力学

接下来的这个练习能够帮助你在花园已经初具规模的基础上，稳定地扩展，并产生"收益"。

"现在你的花园已经初具规模，而你希望它能够让你更少花费精力，稳定运转，有没有合适的人选来帮助你呢？

你希望招到一个什么样的助手？他／她是否精明强干，或是温柔细心？他／她是否可以悉心照顾整个花园？对待顾客，他／她能够第一时间抓住每一位顾客的需要吗？请你细心检视每一个你认为必需的特质，直到你能够放心地将整个花园交给他／她代为掌管。

当你确定了助手的特质后，接着扩展意象中的场景：你的花园坐落在怎样的地方——是僻静的农场，还是城市中闹中取静的地方？它的周围有什么呢？经过的路人是否被你的花园所吸引，会进来买束花？有没有非常喜爱这些花的顾客会带来大宗交易？这样的客人多吗？"

这一切都由你自由创造。在明确了助手与顾客的特质后，去观察每一宗交易，体会产生收益的喜悦，并对助手表示感谢。重复这样的场景，直至你对花园的经营有一种"确定"的感受——

你对于这份经营没有任何的负面情绪，你不为客源和收入担心，并坚信你的可支配收入能够覆盖所有的开销。因此，你只要定期去"视察"就好，不需要时刻关照，不需要充当劳力。

当你能够长久地保持这种"确定"的感受时，你就已经将匮乏感拉入你的阵营，转化为财富自由的力量，意识上的转化就达成了。你已经具备了创造丰盛的力量。

二、拥抱丰裕？你可能需要具备的品质

有些人在举手投足之间就流露出一种"富贵"的韵味，这是一种由内而外的气质，它在你的举手投足与谈吐之间展露出来。实际上，正面特质对财富有非常重要的影响作用，这也正是有的人"看上去很富有"的原因。把财富当成伙伴的人，自然也能够受到财富的帮助。相反，不基于诚信的财富总会流走。如果一旦涉及财富，一个人的内心首先升起的是防备、占有、控制的心态，那么他将无法与财富达成和解。

如何吸引生活中的富足？当你想要成为富足的人，首先要有富足的姿态。

你的身边一定有这样"闪闪发光"的朋友：他们的生活长久处在丰盛与平和之中，也乐于成人之美。经由他们手中

第二部分
财富动力学

的需求，总会被塑造成机遇和财富。他们乐观而慷慨，有他们参与的合作往往能够双赢。如果你们有过接触，你也许会感受到他们身上那种踏实、厚重的稳定力量。似乎正是这种力量带来的"保护"，使得他们能够在事件中表现出色，为参与其中的每一个人都带来美善。

现在，去思考他们的状态：是否有什么特质令他们能够长此以往地富足？又或者，那些你认为拥有富足特质的人，其实并没有你想象中的那么富有？可能实际上他们只是拿着稳定的工资，目前的收入水平还远不及你？

但重要的是，他们似乎生活得更加精彩快乐，常常是别人眼中的幸运儿。升职加薪的名单中总有他的名字；人缘极佳，同事和朋友的快乐都愿意和他分享；在复杂的工作任务中也能用心兼顾每一个细节、广受好评……他的成长如此之快，以你能够意识到的速度变得日渐富有。

你是否能够在他们身上看到你们的共同点？或是想到以不同的态度对待生活，收获真的不同吗？

答案是肯定的。这些"闪闪发光"的人，都拥有令自己满意的生活状态。他们不缺乏活力与爱，始终对成长保持开放的状态。而这个开放的状态自然就会为我们搭建好成长之路，帮助我们达成越来越多的自我实现，最终自然展现出一条与我们成长道路相应的财富之路。

下面让我们来做一个简单的财富品质检视。

当你达到了理想中的财富状况，完全不再为金钱困扰时：

1. 你会如何安排你的一天？和现在的日程相比，理想财富状态中的日程有了怎样的改变？你会将更多的精力放在什么事情上？

2. 最重要的是，你会拥有怎样的情绪状态？这种状态与现在相比，多了些什么？少了些什么？会有更多的正面情绪产生吗？

3. 在你的外部关系中，将会产生什么样的变化？

你与家人的关系会更加融洽吗？你会对需要帮助的人或动物展现更多的友善吗？你与朋友们的娱乐项目会变得更加有格调吗？你是否会变得更加慷慨？你的交际圈会扩大吗？你会结识更多志同道合的朋友吗？

上面这个练习能够帮助你反思所需要的富足品质。当你拥有了想象中的财富，你将如何度过富有的一整天？你希望这笔财富带给你什么样的正向品质？

一些人认为，拥有大笔财富会带来更多的力量，这种力量能够让他们实现动动手指就能购买全世界的梦想。但这并不是我们当前谈论的力量属性。无论在物质世界，还是在内心世界，都具有力量，而这些力量的属性和功用并不相同。在这里，我们谈论的并非通过金钱购买为你带来的力量感，

第二部分
财富动力学

我们谈论的是你小小身体中蕴藏的巨大内心力量，即心念的力量。这种力量属性与"控制""占有"这种强硬的情感毫无关系，它出自纯然的爱。

而与之相比，毫无节制地购买，则是指你在物质世界中的购买力。然而，如果你的户头上并没有足够的财富，这种力量就不能得以发展。换句话说，在你尚未吸引到这样一笔财富时，你也无法去谈论与运用物质性的力量。

付出与奉献将带来单纯的喜悦。当你接受感恩与祝福，你看到了自己有如此价值时，你是否能感受到确信和肯定的力量呢？

这种确信的力量就如同你见证了你的孩子出世，看着这个对你无条件信任和依恋的小生命，你是否能感受到内心深处比自己身体强壮千万倍的力量呢？

> 在某些时刻，你内心油然而生的高峰体验（summit experience），这就是我们谈论的创造性的力量。

在认真回答之前的问题后，让我们来对照检视自己的财富品质。

吸引财富的品质	拒绝财富的品质
分享	占有
感恩	缺乏感恩，理所应当
喜悦	悲观
平和	歇斯底里，喜怒无常
诚实，坦诚，公开	隐瞒，闪烁其词
公平协作	恶意竞争，谋取私利
奉献	控制
自由地接纳	不敢接纳，不相信自己能够得到
果断	畏首畏尾，优柔寡断
信任	怀疑
尊重财富，珍惜财富	挥霍
承担责任	逃避，推卸
价值感，自我尊重	匮乏感，不配得

请在每日花些时间，检视自己的财富品质还有哪些不足。即使你已经精通了财富创造的秘诀，达到了快乐与富足状态时，也不妨碍去对照反思——还有什么可以丰盛我们的财富品质，为我们的生命财富锦上添花呢？

你所拥有的能够吸引财富的品质越多，就越有能力去拥抱更多的财富。

富足往往与富足的品质相对应。富足丰盛的状态往往和它相符的品质相互对应。就像一个成功者不会拥有乞丐的心态一样。对照你在财富之路上已经拥有的品质：哪些是你已经拥有的品质？哪些品质又是你尚未察觉到的？

去有意识地发展那些正面的品质。你可以选择在每一个时间段重点发展其中的某一项。例如，你在吸引丰盛的道路上，从没有关注过分享的意义，那么，不妨从现在开始，抓住每一个当下去给予。这种分享并不一定是金钱上的付出，你的举手之劳，言语的帮助，甚至心念的付出，都可以成为一种分享。很快地，你会发现，分享并非简单地给予，它不仅不会拿走属于你的财富，反而将你引领上一条日渐丰盛的道路。

三、培养"确信感"，运用财富图像显化丰盛

在达成丰盛的道路上，"确信感"是第一原则。这个原则贯穿、围绕在吸引财富的所有环节中。实际上，这同样是吸引与实现一切你所渴望的事物的第一要素。也许在你的日常生活中，已经多多少少感到过"确信感"的力量：

当你确信一件事会发生（或得到某样东西）时，事情往往更容易解决（或得到）。

下面这个练习旨在帮助我们建立确信感。

练习 2　培养确信感

首先来做一个便捷但是非常有必要的确信感练习:

花时间记住你的账户在网上银行或 ATM 机的余额显示画面,就好像你爱人的脸一样熟悉。当你能毫不费力地在脑海中"播放"这个图像后,试着在余额的数字处进行"修改",将这个数字逐渐调整到更大。

在调整的过程中,一个原则就是保持内心的"确信感"。倾听自己的内心,如果将余额的数字直接从"1,000.00"修改为"10,000,000.00",你的内心确信这能够很快达成吗?你觉得"靠谱"吗?

倾听内心的声音非常重要,这关系到你是否能切实产生"确信感"。听从你内心的声音,逐渐修正数字,直到你的内心确信——这的确就是不久的将来里你账户余额的图像。相信你的能力,以你的能力一定能够达成,并且很快就能达成。

潜意识是我们忠实的伙伴,而这个忠实的伙伴并不能分清事实与尚未实现的图像。换句话说,潜意识毫无幽默感。

第二部分
财富动力学

若你习惯于关注负面的信息，那么，潜意识也会倾向于引领你向着负面的境况靠近。例如，若你常常自认为相貌丑陋、不易成功，那么，日积月累，你可能会发现这些负面的变化真的出现在自己身上。同样的，当你认定自己是贫穷的，那么，你将面临更多的财富问题，在财富的获取问题上，将变得更加艰难。

在你清晰地将余额视觉化的时候，你就已经调动了潜意识的巨大力量。只要你时常创造出这个清晰的图像，它就会一丝不苟地协助你向着愿望靠近。

练习3　吸引财富的"藤蔓"冥想

这是一个如何成为"吸金体质"的练习。在很多情况下，吸引一笔钱往往是最基础的需求。这个练习会告诉你，如何正确地吸引一笔钱，成为吸引财富的"藤蔓"。

1. 确定数目，投入能量

首先确定你要吸引的金钱数目。对于这笔数目的确定，请评估你需要通过它满足什么样的需求，并对这个需求进行估算。在最初的练习中，请确定一个最接近你消费习惯的数目，当这个数目越接近你的消费习惯，潜意识越会不费力地创造这个图像。随着你成功经验的增加，创造与吸引的能量增加，在你"确信"的范围内，事物的价值将越来越大。

因此，在最初的"确信"当中，不要贪多，不要去给出你自己都无法相信的数额。

2. 建立吸引"藤蔓"

闭眼放松并回归心轮（人体脉轮之一，位于胸口）处，试着以心轮为中心，扩散出能量的"藤蔓"。你可以将自己看作是一棵树，而这些"藤蔓"是依附在你的躯干上自由生长的枝叶。让这股能量一圈一圈围绕在你的身上，想象它正有力地向外扩展、生长。现在我们就要利用心念的力量，协助你进行吸引与创造。

试着调整藤蔓的大小——你认为它需要有多长多粗壮，才能够成为你的得力助手？将藤蔓调整至你认为最舒适的大小。不断进行修正，直到你确认，你们是一体的，它是能够成为你的延伸力量并发挥作用的。

在你成功建立属于自己的"藤蔓"后，请记住它的样子，并在今后的每一次吸引中使用它。

3. 设定金钱的象征物，创建财富（富足）连接

在你心中，有什么可以象征这笔钱吗？目前，你所想到的这笔金钱仅仅是一笔数目。需要注意的是，这个数目只是你头脑中的概念与数字，并不方便我们建立具体的吸引连接。

在吸引练习中，我们需要寻找一个金钱的象征物，方便我们将这笔数目实物化、具象化，从而方便我们的吸引。这个象征物可以是一个闪闪发光的水晶球、一颗

宝石、一双水晶鞋……听从你的直觉和喜好，只要你能确信它就是你观念中价值的象征物，并能让你产生富足感受就好。

> "象征物"要能够与你的富足感相连接，这是吸引中的最高原则。

这个"象征物"可以是任意的事物，只要它能够让你体验到珍贵、爱、美好等感受。

第二部分 财富动力学

实例1　小女孩的洋娃娃

"我最珍贵的财宝是我五岁那年得到的生日礼物,那是一个特别普通的洋娃娃。"一位女士曾这样对我说过。

在她的个案中,她将童年收到的一个普通洋娃娃作为"价值"的象征物。

她说,在她五岁生日那天,平日工作繁忙的父亲意外地出现在幼儿园门口,手中还抱着她心心念念几个月了的洋娃娃。她激动不已地在其他孩子羡慕的眼光中接过心爱的洋娃娃,觉得那一刻自己是世界上最幸福的小孩。即使在三十年以后,每当她回想起这个洋娃娃,都还是能够感受到自己是备受宠爱、十分富有的。

这便是一个非常恰当的象征物,它能够与这位女士的富足感相连接。如果你认为你的象征物就是简单粗暴的一捆现金,那也没什么不可以。在一千个人心中可能有一千个象征物。设定金钱象征物的意义在于帮助你将一笔抽象数目的财富视觉化,方便吸引、构建与富足感之间的连接。

4. 为"藤蔓"赋予吸引力，完成金钱约定

现在，回归你与"藤蔓"组成的整体，试着用心感受：你的金钱象征物此时在什么地方？距离你远吗？你的"藤蔓"需要有多长、多有力才能将它缠绕，送到你的面前？

现在试着扩展你的能量"藤蔓"，轻柔地将它环绕在象征物上，将它送至你的面前。当你通过练习，能够自如地完成这一步，那么你的"藤蔓"就具备了财富吸引力。

5. 释放得到这笔钱的执着

释放执着是达成金钱吸引的最重要环节。如果你已经尝试过其他吸引方法却收效甚微，其中一个极大的原因可能是你并没有真正关注过"释放执着"这一环节。

就你和金钱的关系来说，执着看似是拥抱金钱的"真心"，实则是推开金钱的"双手"。正如保持一段恰如其分的距离，是亲密关系中保持新鲜感与持久度的重要因素。总有一些人在感情中过度表达需求和渴望，他们那种无时无刻地关注、"想要占有"的狂热感情最终一定会把爱人吓跑。而同样道理，在吸引金钱的过程中也一样，最恰当的方式并非追逐或试图霸占，而是将自己变得更具吸引力。

拥抱与迎接更大的丰盛——去试着承认，你是个有价值的人，你值得被礼遇，你值得拥有财富与美好，潜意识会协助你拥抱与迎接更大的丰盛……

当你释放掉对金钱的执着，自然而然地，金钱便会来拥抱你。释放执着的感受是：

> **确信它的到来，但并不是无时无刻地想要拥有。**

在你等待这笔钱的过程中，请放下所有的热望。就像在咖啡厅等待一个约好的老朋友一样，你确信他会到来。即使此时此刻他并没有坐在你的面前，但这并不影响你稳定的状态。在等待中，你能够怡然自得地听音乐、翻看杂志、欣赏风景。因为你确信，他会如约而至，你们将共度一段美好的时光。

金钱从来不是你的所有物，它有自己的意识和灵性。对于是否要跟随并协助某个伙伴，它拥有自己的判断。如果在对待金钱上，你的想法一直带有爱与尊重，像位优雅的绅士一样，那么对于金钱来说，你就别具吸引力。它会自然地向你靠拢，稳定地留在你身边，围绕你流动与运转——这就是金钱能量流的运作方式。这股能量流的稳定程度正取决于你是否能带给它们安全感与爱。所以，无论一个人对于追逐金钱有多大的野心和激情，他终究要回归自身，去挖掘内心深处的爱与尊重。

这个练习能够帮助你拉近与金钱的关系，切实地吸引到一笔你所需的财富。在金钱象征物的选择上，你或许时常想要更换。但无论你想要换成什么，请记住这个原则：

> **去选择能为你带来快乐与富足感受的事物。**

在你已经精通了这个练习之后，这笔钱将很快地到达你面前，等待你的确认。它可能会以不同的方式逐渐到来——记住，金钱的能量是流动的。你所试图吸引的这一笔财富并不一定会突然全部到来（当然也不排除这种可能性），更多的时候，它们是顺遂流动、逐渐抵达的。

它们可能会以你常见的方式出现，也可能是你意想不到的方式到来，甚至或许能够比你想要吸引的数量更多——这就是金钱对你的肯定。

当它到来时，请将它认出。认出你吸引到的事物，并带着喜悦确认你们的相遇。这样能够使财富得到最友善的迎接，也就达成了吸引与接纳的圆融。

练习4 吸引具体事物的"实现"冥想

这是一个协助你吸引一件理想事物的练习,它能够帮助你无限靠近目标物,直至达成你的需求。

1. 确定能量投注点,不要设限

心念的力量投注在哪里是一件非常重要的事。这是在告诉宇宙,我们想要的是什么。(对于不要设限,我们将在下一节详细解释。)

假如你需要一套房子,那么就尝试在吸引的过程中,将能量全部投注在创造一套房子上。因此,我们接下来就需要明确这套房子能够满足你何种需求。

2. 确定事物的用途

假定我们想吸引一套房子,那么现在就为这套房子设定属性吧!让它看起来能够满足你的需求。

你希望这套房子满足你何种用途?这套房子位于何地?是地处市区还是僻静的郊区?你认为多大面积的房子才能满足你的需求?你将独自居住?还是与父母或爱人一起生活?你会时常招待朋友到家中做客吗?需要满

足他们的临时居住需求吗?

3. 你的生活会做出怎样的"情绪"改变

假如你现在已经拥有了这套房子,你的生活将出现怎样的正向变化?

你会有更多安全感吗?你愿意花费一点时间来装饰、布置你的房间吗?它能够令你在与别人谈起住所这一话题时感到骄傲和喜悦吗?……

细细检视,当你对这套房子将会带给你的正向情绪改变有一个大致的基础判断后,你就达成了吸引这套房子的频率,你也创造了当你拥有这套住房时的情绪体验。

所以,现在就去布置你的房子吧!现在就去谈论能让你感到喜悦和骄傲的事情吧!你所做出的每一个改变,都在拉近你与它们之间的距离。当你在践行这种情绪体验时,你所想吸引的事物就已经在向你靠拢的路上了。

4. 释放执着

与前面"吸引一笔金钱"的练习一样,在我们吸引任何事物的练习中,释放执着总是最关键的一步。

请察觉你对于这套房子的狂热与渴望,然后放手。

在之前的步骤中,你已经与它达成了"约定"。在这之后,你只需要记住你们的"约定",确信它一定会如约而至。之后，也许你会被路边的售房信息所吸引，也许你的朋友想要出售自己的房子而这恰好是你所感兴趣的……请不要放过这些直觉的提示，当它到来时，请你一定要认出它来。

随着你对"吸引练习"的得心应手，你将逐渐发现，你可以直接吸引到需要的事物，而并非一定是"先吸引到一笔钱，然后再去购买"类似的定式过程。这使你的拥有方式变得更加有效率。确认你想要的事物是什么，它能带给你怎样的富足感和幸福感。

当你的吸引方式越发精确后，梦想事物的到来也将越发快速与明晰。你可以运用上面的方法吸引一切你想要吸引的事物：一个职位、一个就学机会、一位符合条件的客户、一位能够帮助你的人……

实例2 我如何吸引到我的宠物

当我确定我想要拥有一只自己的宠物狗时，家中已经有一只温柔的猫咪了。我希望再拥有一只小狗来活跃家中气氛，在我外出时与我的猫咪互相陪伴。

在首先确认我想要吸引的是一只狗后，我开始构想这条狗的特征：（构想属性非常重要，你需要仔细构想每一个细节）

由于我的猫咪温柔而腼腆，所以我希望这只小狗的性格是活泼开朗的，能与我的猫咪性格互补，长久友好的相处。

从我个人的喜好来说，毛茸茸的小家伙是最能戳中"萌点"的，我希望它是一只长毛犬。因此我为构想的这条小狗赋予了长毛的属性；我的先生更喜欢小型犬，我们又共同为这只小狗添加了小型犬的属性；接着，我们讨论了如果它来到家中，我们会带它去做什么？先生希望能够带着它开车旅行，他希望这个小家伙既有体力又勇敢。而我经常在家办公，所以希望它不要过分贪玩儿，愿意在家陪伴我。除此之外，我的父母经常到家中探望，我们希望它既不怕生，又不会过分护主。

在确定了以上属性后，我开始认真设想：这只小狗来到家中后，会为我们现有的生活带来怎样的变化？比如早起与这只小家伙一同晨跑，比如读书时它在我脚下打滚儿耍赖，比如它会与我的猫咪嬉戏打闹……

在这些设想后，我们就在生活中尽可能地做出这些变化，就像它已经到来了一样。我开始每天早起，花更多的时间散步。我们开始看喜剧，这使得我们经常大笑，以便在情绪上靠近这只小狗为家中带来的喜悦情绪。

大约半个月后的一天，先生突然对我说："我觉得属于我们的小狗要来到了。"我笑着对他说："我想我也准备好了。"是的，我们已经达成了吸引中的"确认感"。

隔天上午，我在一家银行大厅的空地上看到一条小野狗，它蹲在角落看着人来人往，偶尔有几个顽皮的孩子路过，随手丢一块没吃完的零食，它会摇尾巴表示感谢，愉快地吃掉。我蹲下来轻声呼唤它，它轻轻地跑过来，在我面前坐下了。它的眼睛闪闪发光，在它的眼里没有恐惧，只有平和与快乐。我被这种深深的连接所吸引，当发自内心的喜悦（不是狂喜，这很重要）与和平围绕着我时，我明白这并非出于业力功课的吸引，而是真正出于爱。我确定，这是要与我一起生活的伙伴。在我站起来之后，这个小家伙竟然很自然地跟着我，一起向着家的方向走去，脚步轻快！欢迎回家，我的小伙伴！

现在，我每天都能够被我的毛孩子们围绕。工作时，总有一只毛茸茸的小爪子轻轻搭在我的脚上，这让我感到无限的喜悦与富足。与其说我给了它一个家，不如说是它的光芒照耀了我。它永远活泼快乐，热情友好，它享受每个当下，它是我的老师。

　　从我本人的吸引实例中可以看到，在吸引事物的过程中，我们并没有给出比如"它的身长是多少厘米"这样的限定，而是根据综合期望与家人的喜好，确定了在我们心目中，理想狗狗的必要属性，以及"如果有了它，我们的生活将有怎样的正向变化"这样的设想，并在生活中率先做出改变，去与理想中的情绪状态相吻合。

　　我感恩宇宙，也感恩自己吸引的力量，迎来了对我而言最完美的宠物与相处关系。

第三章

财富动力学

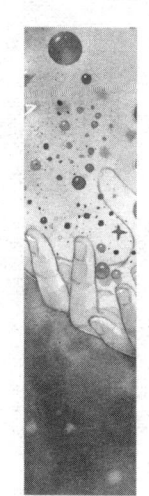

在上一章中，我们已经进行了很多练习，来拉近你与富足之间的距离。你大概已经有了一个基本概念：财富是可以被吸引的，它是流动的。而在本章中，我们将更系统地解读财富动力，挖掘财富的灵性智慧，让它更亲密、灵动地为我们服务。

一、流动的盛宴——发掘财富循环的动力体系

> 财富只是流动并散发着爱，仅此而已。

如你所见，对大部分个体而言，所有的日常生活、消费、服务获取、人际交往，都有财富的参与。财富总是流动的，它一刻不停地从这里流向那里。

财富从四面八方而来，又去到四面八方，我们只是财富

流经的一个站点。而正是财富这种如同流水般的性质，使得它的身上"携带"了不同的意识信息。这些信息来自财富所流经的不同个体。在这个意义上，我们只是财富的中转站。

在物质世界中，财富常常被当作"权力""控制""占有"甚至"真爱"的象征，这是我们强行为财富添加的"价值"。就像你为意中人赋予的"七彩祥云"一样，无论你用怎样的象征意义去表达财富的珍贵，为财富添加何种含义，这都不是财富本身。它只是流动并散发着爱，仅此而已。

当你付出财富，你就是在丰裕这个社会，这是你的爱在借由财富流动。当你的消费是带着爱的，那么这些财富在所到之处就变成一种"祈祷"——经由它们产生的服务与交换就是充满爱与平和的。

因此，你接纳与送出财富的方式，在影响着财富流动的同时，也决定着它是否能顺畅地在你身边形成循环。

循环是自然而然的。自然界中有花谢花开、潮起潮落，四季循环往复。在宇宙中，各个星球完美运行，自然能量循环流动，为所有生物提供了安全与保护。流动与往复，往往能够达成一切长久循环的圆融。同样的，你所花掉的每一笔钱都是在为这个社会增添价值——这是你为社会和他人做出的贡献。你的金钱去到了需要帮助的人的手中，又有很多金钱流向你，这符合财富的本质。总而言之，守护、尊重并让它流动，这才是你能为财富所做的最善意的事。

就像在感情生活中,你需要与爱人彼此表达爱意,也自由地接受爱,才能长久地保持亲密关系一样。在我们的生活中,无论是周围的事物,还是当下正在发生的一切,凡是能够达成圆融与循环体系的,本身就是一种动力系统。

这个系统能够自然地提供扩展与前进的动力。对任何事物来说,如果它的能量只有一面,是很难向前扩展的。而实际上,我们本身也无法避免不接纳其中的任何一面。我们谈论的不是物质世界中的"光明面"与"阴暗面",在物质世界中,这是可以被看到或触碰的两面。我们谈论的是一种循环往复、相互促进,能够自由转化、有来有去、收放自如的能量。它并不偏颇于哪一面。它们的结合就像一个完美的圆,一旦达成这种圆融,事物就得以前进与扩展。对于社会来说,财富循环与流动得越多越快,我们的社会就能够得到更多的丰饶与富足。同样,如果你能让每一笔围绕你展开的财富完美循环,这意味着你将被更多的财富围绕。

实际上,我们并不是"生产"出财富,我们只是学会了如何踏进本就在那里的财富河流。

> 我们每个人都是财富的中转站,是激活财富动力的核心。

二、个体是财富的"中转站",激发财富动力的内在含义

我们每个个体都是财富流经的站点,我们可以决定财富流经过我们的动力和速度,这就是激发财富动力的内在含义。

财富是拥有自身的智慧的。这种智慧并不是由我们赋予的,它是财富本身的固有力量。财富的智慧一直在等待着被发掘,以便更好地为我们服务。在这个过程中,我们只是充当了一个帮助财富实现智慧的平台与媒介。发掘财富智慧的过程,便是我们激发财富动力的过程,这也是需要耐心等待的过程。在这一段过程中,对财富展现尊重、臣服与爱,是我们唯一能做的事。

> 财富喜爱能够尊重和礼遇它的人。

在吸引到一笔钱之后,你的处理方式非常重要。有的人在一笔钱来到生活中的时候,并没有构建出最合适的心理状态去迎接它。在这种情境下,这笔钱的到来往往伴随着难以处理的情绪。

你是否经历过当一笔钱到来时不知所措的情境?试着回

想，类似情境为你带来怎样的情绪？我的个案们在回想这一情境时，反映了几类情绪状态：

惊讶："对于这笔钱意外地入账，我完全没有准备！"

怀疑："这是给我的钱吗？我有什么资格让这笔钱属于我呢？我不认为这是我的钱。"

狂喜："这是我的钱！这钱在我账户上！我想昭告天下我有钱！我发财了！"

难以置信："这真的是我的钱吗？我简直不敢相信，我不应该有这笔钱啊，这笔钱是从哪里来的？"

不安全感："这笔钱来得如此突然，我不知道接下来会发生什么。"

恐惧与担忧："我很害怕，这笔钱的到来完全出乎我的意料！如此不合常理，我担心会有不好的事情发生。"

上面列举了一些面对一笔意外收入时，常见的情绪反应与状态。不难看到，每一种情绪反应与状态背后的深层含义，都是对这笔钱出现在生活中的"不能承认"或"不敢承认"。

无论产生何种难以协调的情绪，这总是在表达，你对现状不能完全接受，你还没有准备好接纳这笔财富来到你的财流中，成为你的伙伴。在你没有完全做好准备，较长一段时间都不能适应财流的突变时，会被财富视为"不欢迎"与"没有能力负责"。

面对这样的伙伴,它会倾向于选择尽快流走。就像在你不能妥善协调人际关系的阶段,就有更多可能出现人际问题,无法将一个得力助手稳定地留在身边。同样的,若你不能在一笔钱到来时敞开怀抱接纳与感谢,那么在面对意料之外的"破财"时,也不必感到惊讶——它们去了真正能够被礼遇与认可的地方。

> **"我愿意与你合作,达成彼此的价值与自由。"**

在面对一笔财富的到来时,请像迎接一个老朋友一样,用喜悦(并非狂喜,这很重要)欢迎它,用平和与爱表示接纳与感谢。告诉这笔财富:"非常欢迎你的到来,感谢你增加与改善我的财富之流。我愿意与你合作,达成彼此的价值与自由。"

这样做的目的是对这笔财富表示接纳与尊重,同时向潜意识传达"我值得拥有财富,我愿意拥有更多财富的意愿"。

这并非唯一的表达方式。你可以组织对自己来说最有力量的语言,与来到你生命中的财富达成和解。要真心地将财富当作你的伙伴,予以接纳与尊重。尊重财富并非要我们将它看作高高在上、不可触及的事物,而是真正放平心态,将它视作最具健康关系的朋友。

真正具有健康关系的朋友，首先，各自自爱。无论处于何种境况，都能把日子过到最好的状态，为当下发生的事情负起全部责任，不依赖他人的力量去做任何选择。其次，他们拥有各自的界限。这种关系往往"刚刚好"，既不过分触碰，又有爱的交流，正如"君子之交淡如水"一般。这也是我们在与财富的相处中，应该达成的关系。

一个真正尊重财富，对财富有正知正见的人，往往能够达成财富自由。他们明白，最自由的财富状态是拥有恰当数量的财富，而非越多越好。这笔财富不仅能够满足日常开销，也能形成一定积蓄。最重要的是，它们有自己的智慧，在你需要的时候，会最迅速地融入你的财流之中。这就是我们常说的"速能相应"。

拥有健康财富意识的人，能够自如应对财富的流动，并不捆绑财富，设定限制。相反，他们愿意信任与放手，成就财富的完全自由。财富的离开不会为他带去焦虑，他知道，这笔钱去了应去的地方，是为了达成它本身的价值使命。同样，他也能敞开怀抱接纳财富的到来，任何一笔财富的到来都不会带来意料之外的狂喜——他知道，当他需要，这笔钱就会坚定地来到他的身边，实现他的最高利益。

第二部分
财富动力学

1. 激活财富动力，开启财富的灵性力量

当你的账户里拥有一笔钱后，你分配收入和支出的态度非常重要。这是在告诉财富，你将用何种方式对待它们，在你这里，它们将有怎样的运作方式。

就像每个成功的企业都有自己的规则、制度和特有的感染力一样，这使得每个来到其中的成员都愿意发自内心地尊重这种企业文化。在工作的同时，一并达成自身的成长。这种关系在你和财富的相处中也同样适用。一旦财富来到你的户头上，这里就成为它的"所属企业"。在这里，你所制定的恰当规则，会对财富形成激励，并能挖掘与调用它的动力。你营造的环境越适宜，财富能被挖掘的潜力就越大。

请认真进行下面的练习，这会为你的财富开启灵性的智慧力量，让你们各得所求，达成共赢。

练习1　激活财富动力，调用财富的力量

1. 定位你的财富能量比例

假使你有 10 万元，你将如何分配？有多少钱存起来作为积蓄，多少钱用作自由支配？它们的比例是多少？这些可自由支配的钱，你希望花掉它们的同时能够带给你怎样的感受与生活品质的提升？

2. 调整这个比例

回归内心去感受，这样的分配比例能为我带来最大程度的平和吗？我设定的支出比例足以为我带来内心的成长吗？我的积蓄比例会让我感受到我富足吗？

请以这三个问题为原则进行调整，直到你有真实确定的感受。

3. 践行与加载意识

假设在你的定位中，积蓄与自由支配的比例为 9∶1。那么当你拥有 10 万元，将其中的 9 万元存进账户，剩余的 1 万元就作为自由支配、支持你的花费。坚持在每一笔收入上都这样做，即使这份收入再小。逐渐地，你的

第二部分
财富动力学

财富就会形成一个富有灵性的循环能量场,让有规律可循的财富流动能够围绕你展开。如果在之后很长的一段时间中,你发现从你收入中分配出来的可支配财富能够支持你的每一笔花销,不再需要被迫动用积蓄,那么,恭喜你,你已经激发了财富的动力,开启了财富的智慧。

实例1　我的财富管理

我为自己设定了5：1的定位比例，并已经稳定地践行了五年。

在我接收到一笔收入时，会首先留出其中的五分之一作为自由支配，将其余的收入存起来。无论金额多少，我都坚持在每一笔收入到来时，向它们讲述我财富分配比例的理念，希望它们能够给予我最大的支持，并严格执行。

大约半年左右，我在为一次小聚的323元买单后，看到账户中多出了1600元，它来自一个在两个月前询问过我的个案所支付的预约费用。她说，她刚刚做好决定想要预约来进行咨询。这笔钱是我付款金额的大约五倍！这让我非常欣喜，我知道，财富是在用这种方式给予我肯定。

现在，我常常在花出一笔钱之前就先得到一笔钱，或是在我支出一笔费用后，很快就能收到我花出钱数的大约五倍收入。在这一点上，我有满满的安全感，因为我知道，它们会自由地按照这一比例运作。这样，我便挖掘了财富的智慧，开启了财富自身的动力。

在财富上，我总是有足够的安全感。因为我知道，它们会自由地按照这一比例运作。只要坚持践行这一原则，你的收入就会越发富有灵性。灵性的收入有它自己的动力，它会根据你所希望的法则进行运作，遵照你的财富意识流动。你无须控制它，也不必担心失去它。财富的确会来来去去，而智慧是永远存在的。

三、付出与接受

只有把自己放入财富大循环中，带着感恩与爱去接受和送出，才能够激发财富动力。

了解财富具有循环与流动的属性，是激发财富动力的基础。只有真正参与财富之流的循环中，真正扮演好循环中的角色，才能够使得这一大循环具有自己的秩序和力量。

1. 你就是你所谈论的：金钱故事的预示

每个人都拥有他自己的"金钱故事"，花一点精力观照你与他人谈论的话题，当你谈到财富的时候，你的故事通常是怎样的模式，又是围绕什么样的情绪呢？回顾你所谈论的，近期发生或童年中关于财富的故事,它们围绕着富足还是匮乏?你倾向于分享出获得财富的喜悦,还是更擅长"哭穷"?

从你的金钱故事中,能够判断出你得到财富的难易程度。如果你的金钱故事常常围绕匮乏,那么请你进一步判断:你是否认为财富是如此难得,以至于一定要付出百倍努力,才可能有微小的回报?你觉得钱只要一点就好了,多了会害人吗?是否"poor but happy"才是一种美好的生活状态?你认为在你的生活中,财富的缺乏是常态吗?你是否时常会有"如果我有更多的钱就好了"的想法?……

如果你的金钱故事都围绕类似的主题,请马上停止这样的谈论。当这样的金钱故事在潜意识中根深蒂固地存在,那么你也很容易得到相同模式的财富关系。停止谈论匮乏,避免加深潜意识的认同变得非常重要。因此,不要吝啬于分享财富为你带来的喜悦,去坦然承认,金钱为你的生活带来的美好是如此之多。如果你担心身边的人会产生嫉妒或其他负面情绪,请注意,这个想法仍属于你的"金钱故事"。可以首先选择与最亲近的人分享,去把握恰当的机会谈论富足,但无论如何,至少要从停止谈论匮乏做起。

2. 我允许自己接受一切美好

这个世上总存在一些认为自己不配得到财富的人。实际上,这是他们并没有正视"接受"。接受从来不是一种自私的行为,它是"施—受"循环系统中的重要半圆。而"施"与"受"两方面的总和才构成了财富能量循环的圆融。

总是在过度给予的个体,会在不同面向体验到"被掏空"的感觉。无论你是从事医疗、咨询还是教师等职业,若你总在过度付出你的能量,长久不滋养自己,那么你将非常容易在能量或身体上产生匮乏:巨大的疲劳感、精神压力、入睡困难等现象是常见的"缺乏滋养"的状态。

当然,相当一部分人也会经历财富上的匮乏:签合同前一晚出现变故、这次升级加薪又没有被轮到、刚到手的钱还没捂热又产生意外支出……这是因为,长久以来你都在过度付出,却极少连通与接收相关的另一面能量。只有"施"没有"受",财富的循环就无法达成。

长此以往,潜意识会默认你鲜少接受的状态,并主动帮你减少接收情境的出现。潜意识这个忠诚的伙伴会替你"着想":既然你如此不愿意接收,那我一定会帮你尽量避免。

因此,允许自己去接受,把每一次接受都当成一份礼物,并表达感谢吧。接受并不是自私的,当你愿意敞开内心去接受,你就是在完美地填充财富循环的其中一面。对于你收到的每一份礼物表示感谢,带着满心欢喜,真心地接纳它,不要有任何的"过意不去"。在你接受每一份礼物时,去试着承认,自己是个有价值的人,这些体验正是对你价值的肯定。

它证明你可以受到如此欢迎，你值得被礼遇。随着你逐渐"说服"潜意识，告诉它你值得拥有财富与美好，那么，它将会协助你拥抱与迎接更大的丰盛。

收获上投射着你投入的心念

你所做的每一份投入与送出，都是在为达成丰盛的第一步提供动力，它也为接纳做出能量的"榜样"。你在付出时是否彻底与真心实意，也决定着得到时能否畅通无阻。在物质层面的送出往往只是第一步，接着，你需要将能量上的给予也一并达成，这便完成了整个付出的过程。

例如，当你送出一份贵重的礼物，你将心意与祝福也送到了吗？还是仅仅送出礼物，却暗自嘀咕这份礼物花了你半个月的工资呢？如果你为刚才的消费心疼不已或耿耿于怀，那你就存留着这部分能量。这份能量算不得积蓄，你只是在紧紧控制着本应离开你的那一部分，这对你没有任何益处。紧紧抓住这部分能量将会影响你的财富之流，阻碍你获取财富的通路。

无论你付出的对象是谁，无论你是否情愿，当你付出时，就要像是对待你最亲密的人一样，真心送出祝福。同时，回想之前的消费，如果你对于一些花费依然有不好的感受，请

第二部分
财富动力学

你现在逐一释放出祝福，为这一部分"付出"提供动力。在你去给予的同时，也要在心念与能量上一并给予。当你这样做时，就将你与对方都笼罩在祝福中。若你将要给出服务，也请保证你送出的服务与能量能够尽可能地使对方获得最高的益处，这样，你便达成了服务的最高目的。

有一些收获是在投入之后得到的。也许在你得到回报之前，你需要先付出一笔投入。这是在我们生活的物质世界中常见的，投入—回报方式。你在何处投入财富，就把财富的种子播撒在哪里。因此，如果你的某一笔投入不仅没有得到收获，反而引来了是非、官司、争执，甚至遭受亏损，那么，是时候安静下来，检视你是否将财富投入了不该投入的地方。回想你在送出这笔钱时的心态与情绪，你是带着爱与平和，真心希望这笔投入能为你带来成长，还是怀着贪婪、恐惧、不安、不确定？

实际上，如果去细细检视所有的亏本生意，都会发现，它们的亏损原因，往往都是没能把握好财富的流向，没有带着真正的爱送出和迎接每一笔财富。有的财富被用作朋友间的礼尚往来，我们可以将它更有人情味地投入，把这些看作是真正为了达成朋友的舒适和愉悦感受，而不是带着讨好和患得患失的意味。这种心念上的区别非常重要，它决定着你将收获一个在关键时刻能挺身而出的、强有力的朋友，还是一个对你颐指气使，在你求助时趁机增加附加要求的贪婪小人。另一些收入又被称之为额外收入。同样的，面对财富如果维持这种贪婪的心态，长久看来，一定无法帮助你收获事业和财富的成功。在一些投机事业中，有的人带着侥幸的心理，将全副身家都投入进去，带着极大的不安和不确定性。可以预见地，很多人收获的是倾家荡产。也许你将注意力投注在那些赚了一大笔钱的事情上，而游说你参与这类投资的人，往往也使用这一类例子帮你坚定决心。但是的的确确，这是极少的小概率事件，并且，你或许未必知道这些大"喜事"背后的故事：这些人中的大部分，会拿着巨额回报继续投资，又将这些钱全部赔进去——这就是投机事业的财流循环规律。 总而言之，我们只要关注自己在投入财富时的心念状态，就可以预测一笔投入将获得怎样的回报。

我在个人成长中的投入终将丰裕我自己

如果我将一笔财富投入我的成长中，那么，我就在自己的生命道路上播撒了成长的种子。在你将财富与心念投入自身成长中的片刻，这笔投入便开始迅速为你充能，并带来更大的心念力量，这份崭新的力量会为你的更高成长铺路。在送出一笔财富时，带着真心的祝福非常重要。我在为自己花费每一笔钱时,都会为其加载爱的意识,送去真心的祝福。在将它们送出之前,我会默默地对它们说:"感谢你丰裕了这个社会,感谢你让我知道,我如此富有。我祝福你去为社会提供至高美善的服务,希望你很快回来,带着更大的丰盛。"接着,我看着它们去到他人那里,并持续地给出祝福,这样,就完美地达成了一笔交易。我确信,更大的丰盛正在向我靠近,因为我带着爱与平和,切实将财富用于我的最高成长。

四、完善财富系统意识

1. "我的理想事物为何不能很快到来?"

长久以来,我们总被一些固定模式思维所束缚住。我们总是认为,我们需要漫长的岁月累积和等待才能够达成拥有某种事物的愿望,并且对如何得到它也有自己的设定。

试着思考以下几个常见的问题:买房一定要贷款吗?全款买房太难了,当它是个梦就好了吗?必须工作多年有了积蓄之后,才能拥有更好的生活品质吗?

如果你足够觉知,那么一定会意识到,以上类似的想法都是源自"生活的经验"——这些经验源自父母、朋友、社会。我们常会在潜意识中参考旁人:"不要出格,生活就是这样。你的生活与其他人一样,并不存在更好的路。"

真的是这样的吗?你身边是否存在年纪尚轻就生活得非常丰盛的朋友呢?

找个时间与他们真心交谈。去寻找除去家庭环境为他们带来的便利之外,在想要拥有一件事物时,他们与我们大部分人的区别在哪儿?他们在财富模式上有什么独特的地方吗?

下面我们用买车这个例子,来帮助看到关于"拥有速度"的限制吧。

第一,不在时间上设限。

现在,你想要拥有一辆车。

当你产生这个想法时,试着深入观察:在这个愿望产生的同时,有哪些附加想法随之而来呢?你为这个事情的到来增加了哪些条件?是否一定要等到三五年后靠自己赚足钱后才能买到这辆车?实际上,这是我们的惯用思维方式。而这也是最常见的限制理想事物到来的思维方式。

第二部分
财富动力学

为理想事物到来设定时间限制,是减慢财富流动与拖缓财富到来时间的最直接因素。财富流有它自己的智慧,它会将你的设定看作是期待,并忠实地落实它。而你,就真的要等到三年五年之后,才能"如愿以偿"地购入爱车。

不在时间上设限,并非要求你相信,理想事物的到来方式要越快越好。当你想要一个事物"尽快到来"的时候,依旧是在时间上设定了限制。

不在时间上设限的意义是"相信"与"接受"。相信理想事物会在你成长为能够拥有它的时候,自然而然地到来。当这个念头在你的心念中生根发芽,真正成为你财富模式的一部分,那么,你将能够更自如地拥有一样理想中的事物——它的发生真的比之前更快。

> **第二,我接纳事物到来的任何方式。**

你为这辆车的到来设定了怎样的方式?这辆车一定要你先赚足钱才能得到吗?你是否想过它可能会以不同的方式到来?

实际上,大部分人可能从没有想过除此之外的其他可能性。

在你为这些理想事物到来的方式设限时,首先就限制了它到来的通路。潜意识会更倾向于遵照你的意愿,用你"设定"的这条唯一道路来协助你实现它。

为事物的到来方式设定通路并不是指，当你为一件事物设定了到来的方式，就一定能够按照这样的方式实现它。如果你一定要用一种设定去实现愿望，那么最重要的一点是，这种设定是自然而然的，它并非出于贪念或者索要、控制、占有，而仅仅是发自能量的自然流动。它是你的某种确定，你的愿望将会在最适合的情境下达成，你想要的会自然来到你的身边。如此，为自己设定唯一的接纳方式没有任何问题。

在事物的到来方式上不设限，只是在帮我们扩大觉知，并让我们觉知到，事物到来的方式并不唯一。当然，它并不否认"努力赚钱"这一方式。当你认为，通过努力赚钱几年后拥有这辆车就很好，这就是你所希望的方式——这没有任何问题。但是，一旦你扩大了觉知，就会对所有方式保持开放与接纳。拥有这辆车的方式并不唯一，也许是接受他人赠予，也许是自己买来，甚至可能是中了大奖，奖品正好是你梦寐以求的车……这一切都是这辆车可能到来的方式。

第三，修正心念。

在持续练习一段时间后，很多人会产生疑惑："为什么我已经精通于吸引事物的技巧，却没有得到理想中的事物？"

在除去"这个事物还未到来"的原因外，我们更应该关注的是，你在想得到这件事物的时候，拥有怎样的心念？

你希望这个事物为你带来他人嫉妒的目光吗？你想要拥有这个事物，是否只为发泄一时的愤怒，去伤害他人？又或者，你自认为吸引这件事物是出于"好心"，但你是否考虑过这会严重影响到他人的生命进程？

很多在练习后依然无法得到理想事物的根本原因在于，你的"想要"只是出于贪婪或执着，但这并非真正符合你生命成长的需求。

想想看，你想要"拥有一位亲密爱人"与你想"得到某人的丈夫"，是完全不同的，后者完全伤害了一个家庭的完整。如果在你看来，你与他人的丈夫在一起将是"真爱的完美结合"，并自认为比他的妻子更爱他，因此更有资格"得到"他。那么，你应该首先去解决思想中的冲突，真实地面对这对夫妇，协助事情得到解决，而并非寄希望于"用一些方式将他吸引过来"。

又或者，你想为先生"吸引"到一个升职机会，然而，你的先生认为现在的这份工作使他快乐并充满活力，并在当下感到非常满足。而你以"男人应当更加上进""多赚些钱是为他好"的理由，认为先生升职的境况是你自己理应得到的。在这样的情况中，你就完全忽略了先生的体验，这不仅严重影响到他的职业规划，更阻碍了他的生命进程。对于他并不想得到的一份工作，在他看来反而是一场灾难。从这个角度来看，你是在伤害他。

类似的事情还有很多。在"吸引"理想事物之前，请认真检视它是否是你真正需要的。你是出于满足贪婪的欲望，还是希望它能为你的生命带来改善或成长？

因此，任何"练习"或"技巧"的意义都不在于让你占有一切"想要"的事物。"想要"的事物并不一定符合你的最高成长，而"技巧"并不是帮助你无限满足贪婪欲望的工具。

长久以来，有一种声音常说："行善积德能够帮助我们拥有理想的事物。"——这种观念与掌握吸引的技巧并不冲突，甚至更有智慧。行善的目的，除了"助人"之外，更多的意义在于"助我"。与其说是我们在行善时散发出的爱照耀了他人，倒不如说行善帮助我们用大爱连通了自我的心。一颗被爱鼓舞的心，往往会扩展出更多爱的力量。从这个意义上说，行善能够修正我们的心念，让一切念头都出于爱。在这样的状态下，我们会明白什么是当下真正需要的，这与其他情感和欲望无关。如果你善用正念的心以及熟练的吸引方式，你会体验到生活正在真正地改善。相反，在缺乏正知正见的"吸引"下，即使你可以得到理想中的事物，也可能会很快失去。

你对财富的吸引力——我们每个人都携带着属于自己的气场,包括基本能量信息及其质量。心念与能量上的改善,让你真正拥有正面能量与对财富的独特吸引力……

2. "我能为财富做些什么？"

> **避免感受不好的花费**

在准备花出每一笔钱的时候，带着发自内心的爱与喜悦吧！去感恩自己有能力贡献社会与他人，去感恩这笔钱为你带来的便利。当你这样做时，所付出的这笔钱会以更快、更令你惊喜的形式与更大的数目回到你身边。正如你带着爱送出它们一样，它们会带着爱回来。

相反的，如果你在付出某一笔钱之前，经历了不好的感觉体验——不情愿、犹豫、被迫、压力、盲目、不安全感或匮乏；担心付出这笔钱会使得积蓄不够支付其他费用；产生自责，认为自己不应该如此"浪费"。在这个时候，请先停止付钱，去修正感受，并重新检视自己是否真的需要花费这笔钱。

练习 2　检视三问

如果在即将花出一笔钱时让你产生了不好的感受,请你问自己以下三个问题:

1. 当我在打算付出这笔钱的时候,我的身体感觉好吗?它是轻快的还是沉重而迟缓的?
2. 之前我是否经历过类似的情绪,是在何种情境下?那个情境中的花费最终被证明是值得的吗?
3. 这样事物是否真正值得我去交换,它能带给我短暂的快感还是他人无法带走的改善(无论心灵还是身体)?

这个简短的练习分别从身体感受、内心情绪、心灵成长三个方面着手。在你对待一笔花费犹豫的时候,这三问是最直接的检视方式。它们能够帮助你快速理顺你的不良感受从何而来,明确这笔花费是否必要。在认真检视之后,如果你认为这笔花费确实不必要,今后就应当尽量减少类似的花费。

如果在你的所有花费中,感觉不好的花费所占比例越高,那么,潜意识就越倾向于认为你喜欢这样的消费——它会一丝不苟地帮助你，更多地吸引类似这样的花费。在这种情况下，你的财富之流将愈加受到阻碍。

也许会有人感到不耐烦："在消费之前，我还需要先问自己三个问题吗？"是的，在最初修正你的财富观念时，这个练习是非常必要的。当你时常练习，今后再次遇到相似的支付情景时，就能够运用内心的力量直接做出决定，因为这样健康而富有灵性的意识已经成为你的一部分。

财富需要爱与分享

每个人对于"爱"，都有自己的理解。在不同的生命阶段中，对于爱的理解往往不同。但是，爱往往与美好、轻松、愉悦等词汇相连，它有关于自由与美好。

很多情境都会让我们感到一切都是最好的安排。例如，当你带着一身疲惫匆忙翻开工作安排时，却发现这部分工作早已被安排在了第二天，你意外的可以利用今天好好休息。又或者，你收到一份礼物，而它恰好是你长期在寻找而不可得的。在很多类似的安排之中，你一定能感受到，自己被一种更大的力量在冥冥之中照看着，在这时，你油然而生的感恩与幸福，这是爱。

在家庭环境的养育中，当一个小孩子面对陌生人产生哭闹行为与强烈的回避时，智慧的父母所做的更多的是接纳与尊重，而不是责备。他们也许会代表孩子表示歉意，告诉对方，我的孩子还需要一些时间。当他们真正允许孩子表达真实的自我，并无条件地给予关注与接纳，那么，这会促使孩子更快地走出抗拒的边界，更有力量地做自己。这是爱。

爱从来无须太过用力，它并不刻意。爱是允许一切发生。

真正理解与体会爱的真谛的人，一定懂得，爱是允许，是让自己、他人及一切事物都站在恰当的、应有的序位。当每个个体都各归其位，往往会展现出惊人的力量。那么，去看看在你理解之下的爱是什么。如果在你所谓的爱中，你替代、限制、越位规划了他人的生活，那么请你退回自己的界限之内，"允许"自己不再试图规划他人的生活。在你给出自己和他人爱与自由的时候，爱就自然流动在你们之间了。

这对于财富来说，也同样适用。

财富就像一个活泼好奇的孩子，他乐于探索世界，迫不及待地在所到之处展现活力与友好。同样，这个孩子也真心喜爱能够为他带来快乐和提供自由场所的人，并自然地向他们靠近：当你为财富带来快乐，它也愿意为你做同样的事情。你恰当的送出与分享，就是帮这个可爱的孩子实现了自由的愿望。

当你将财富投放在最恰当与达成最高善的事情上时，你

第二部分
财富动力学

就像是为你的孩子找到了最好的游乐场,让财富发挥最恰当的作用。当他人感恩于经由你而来的财富带来的方便与美好时,你便为财富实现了最高的美善,这就是你对它最好的尊重。相反,如果你将财富用于交换你并不发自内心喜爱或三分钟热度的事物,这就无法让财富实现应有的价值。这会让它缺乏创造与吸引的动力,丧失本性的光彩。

财富需要安全感

财富在流动中,总是更愿意围绕着某一些人,满足他们的需求。这部分人是什么样的?他们有怎样的特质和属性呢?

金钱(财富)本身就是爱的化身。因此,它们也更愿意为善待它们的个体提供服务。充满爱与喜悦的人对于财富来说往往更具吸引力,更能带给财富安全感,这也使得这部分人更容易获得财富,并有机会将它们转化为更大的丰裕。

你可能在人流密集的广场上有过这样的体验:有的地方人头攒动,而有的地方只有三两个人。这种情境往往是由个人能量场的吸引力差异而产生的。有的人总是没有缘由地受到欢迎,而有的人却常常莫名地被排斥。除去业力原因,这也与我们的能量场有关。

能量场是包裹在身体周围的球状能量体，也就是我们常说的"气场"。在日常接触中，我们每个人都携带着属于自己的气场，上面"显示"着我们的基本能量信息及其质量。我们判断两个人是否"气味相投"的过程，往往是在无意识中产生的。除去对彼此的外形、谈吐进行判断外，两个从未有过接触的个体对于对方的评价，更多的是受到双方能量场的影响。因此，即使是在无意识中，我们也更趋向于靠近拥有正面能量的人。

财富也是如此。在来到你的身边之前，它就会对你做出基本的判断。参考我们之前讲述的关于如何拥有"财富吸引力"的练习后，你会更加了解，如何才能让自己对财富有独特的吸引力。心念与能量上的改善，往往是最核心、最深层的改善，它能够帮助你有稳定的心力做接下来的事情。当你真正拥有了吸引的力量，财富会更倾向于来到你身边。

而如何留住财富，让它愿意留下来帮助你，这属于实际操作的物质部分。在你完成了这一部分之后，你就完成了一个完整的能量循环。

这个能量循环是：心念的调整——吸引——显化（让财富成为你的助手）。因此，当财富找到你的时候，你对待它的方式决定了它是否愿意留在你身边，成为你的伙伴与得力助手。

再具体落实到我们生活中，现金的安全感源于钱包。将

第二部分
财富动力学

钱包与现金照顾好,就是在照顾与改善你的财富之流。

首先,钱包需要自己的安全空间。它喜欢熟悉的环境,这能为它在最大程度上带来归属感。要发自内心珍爱它。你是否会让他人随意触摸你的心爱之物?请将它安置在包包里、抽屉中等固定位置。不要随意放在桌面上,避免被他人随手就能碰到。

同时,钱包的清洁非常重要,要妥善保护,不要让它受到水、油等任何污染。我在为钱包进行例行的护理后,明显能够感受到它散发着喜悦与爱的能量——这也是与财富同频的能量。

这样的做法会在最大程度上为钱包带去安全感。你在为它创造了安全与依恋的同时,也在你们之间构建了密切的连接。这样,它会更倾向于跟随在你的身边,同时降低丢失的可能性。

花时间对钱包进行扫除,为现金与卡预留更大的空间,这会大幅改善现金的生活环境。对于钱包中的物品,请定期检视与清理。把钱看作需要你照顾的孩子,那些永远也用不到的名片、过期的优惠券、随手塞进钱包的购物小票……一切你认为与你的财富不沾边,不能为你带来爱与快乐的物品,请及时将它们从钱包中移除。随手丢进口袋里的零钱一样在等待你的"救赎",请一并妥善放进钱包里。你需要让财富知道,你的钱包是它们温暖的家,在它们对这个"大家庭"产生安全感之后，才能帮助你吸引更多的小伙伴来到这个大家庭中。

总而言之，对待钱包要像对待你的孩子，时常表达爱与感谢。感谢它的功劳，它为现金与卡提供了最好的保护。

我通常会这样对待钱包中的现金，以便我的财富更加安心舒适：每天我都会整理钱包中的现金，将折角的现金抚平展开，破损的地方粘贴补好，并对它们一一道谢，感谢它们的陪伴与围绕。实际上，如果之前你从未这样对待过钱包与现金，那么你怎样去示好都不为过。

在这之后，静静去感受它们回馈给你的能量，你是否感觉到它们也在向你示好？它们是否也在对你表达"谢谢你如此善待我"？不要吝啬任何你对财富表达爱与感恩的机会，你对待财富的态度，将是它们对待你的态度。

除此之外，对待账户里的财富也有适当的方式。

不要小看户头上一笔钱的力量。无论你的现有财富是多少，存一笔钱在账户上是非常重要的，这是你财流的象征。而不断增加与扩展的财流是对你能力的最大肯定，也是能够帮助你吸引更大一笔财富的力量。一个余额寥寥无几的账户，它的力量是微乎其微的。即使你正在负债，也建议你新开一个户头，把一笔钱聚集在这里，这里是你财富的家。

每月存一些钱在户头上，最好可以按照我们之前所讲的"按比例存钱"的方式。假以时日，当这笔钱越来越多，这个小小的"财富基站"会发挥日渐稳定的力量。常常打开这个账户,感恩你所拥有的财富日渐增多。

妥善保存银行卡或存折,将它们放在一个安全洁净的地方,并告诉它们:"这里是安全而清洁的,请你安心居住。"为财富带来安全感非常重要,它们会更乐于协助一个能够提供安全环境的人。

练习3　对待财富的思路

在生活中，为财富创造怎样的物理与心理环境，才能让它们也顺应你的思路来为你服务？在这个练习中，我们将分别从两种角色的角度出发，看待财富环境的改善。从"现状—理想"的方式入手，寻找之间的差距，进行改善。

请拿出纸和笔，逐一回答每一个问题：

你在目前的职业中，请逐一评价问题中的每一点。如果有任何希望改善的部分，那么，请从以下角度，写出你希望的改善内容，并从几个关键点展开想象。

问答1

你如何评价自己目前的工作环境，你希望它有怎样的改善？

请从清洁度、舒适度、空间大小的层面展开思考并回答。

你现在的上司是否让你满意？如果他能够达成怎样的改进，你会更愿意接纳他、与他合作，共同产生价值呢？你希望你的老板有怎样的改进？

请从情绪状态、管理程度、自由空间的层面展开思考并回答。

问答2

（1）若你是老板，你将如何去做，才能让工作环境更具吸引力，激发出员工的潜力和进取心，让他们愿意自发地创造价值？

请从情绪状态、管理程度、自由空间的层面展开思考并回答。

（2）你能够为员工创造怎样的工作环境与奖励，才能更好地稳定员工，与员工协作，共同创造价值？

请从舒适度、安全感、激励政策、奖励与感恩的层面展开思考并回答。

看看在你的答案之中，这些需要在现实生活中被改进的地方。它们往往也是你在财富问题上容易疏忽的地方。因为你尚未系统化地思考这些问题，也没有体验过已经被改善后的环境，因此，这些内容也可能是在你对待财富的方式中，可能忽略的部分。现在，不如按照你自己的思路对待你的财富吧，它往往比所谓的"招财"小物件来得更加简单、快速、稳定和持久。

3. "如何选择财富课程，怎样知道这是最适合我的？"

如果你还想要学习更多关于财富的技巧，那么大可以去挑选一些课程。

你大概在市面上看到过各类财富课程，它们就像市面上的减肥药一样，种类繁多。在寻找这类"财富技巧"的时候，你会被哪种财富课程所吸引？你更看重什么呢？如果你有心验证，那么可以花时间去考察，哪一类课程的口碑最好。问问自己：如果除去熟人的推荐、课程的"学员成功案例"、宣传文案中的"报名火爆程度"，以及你基于课程宣传文案为自己设想的巨大成功，剩下的这些真的是你想要的吗？你还会做出相同的选择吗？

很大一部分人在选择财富课程的时候，他们选择的只是自己成为千万富翁的想象，以及由想象带来的狂喜。这样的选择并未遵从自己的心去选择成长。这往往也是他们在不停寻找其他方法的原因——因为这样的选择方式只能为他们带来狂喜和不满足，它不能带来任何成长。

这些内容是否是你当下真正需要的？哪些能够在你当下的成长阶段上，提供最好的衔接与服务？哪些部分只是普通概念的花哨变式，哪些部分能真正为你带来觉知的扩展？你是否对自己负责，所遇见的课程是完全不同的。只需要多做一些思考，多回归内心，就能够为自己找到最适合的课程服务。

一门完善的课程往往携带着开发团队的能量。真心提供服务的团队一定会带着爱。而出于"捞金"目的推出课程的团队，它的宣传内容往往经不住推敲。只要回归内心，这是每个人都可以做出判断的。拒绝任何劝说和游说，通过"心心相印"的方式去选择课程，才是能够满足你最高需求的方式。

另外，不要在自己尚未拥有富足的意识时，就试图教导他人关于财富的"技巧"。如果你对于自身的财富模式都不甚了解，你都无法达成自身生活的财富自由，那么，你的"指导"仅仅是在传递匮乏。一个传递匮乏的人，可能会吸引到一大批与你有相同程度匮乏的人。

经过"包装"的教导华而不实，如果用心体验，会发现它只是在产出浮躁，并不能带来真实的成长。在这样的服务中，并没有爱的生长，它仅仅是聚集了匮乏。相反的，所有传递富足的引导，其本质都是发展内心的力量。只要你遵从内心，往往能够对接收到的能量感受进行分辨，做出判断。传递匮乏的"教学"不仅经不起言语上的推敲，并且，经由这个个体给出的匮乏，总会以各种变式，回到他的身上。

因此，不要急于向谁传授财富的"秘诀"。当你有能力将自己的生活过得丰盛而自由时，围绕在你身边的富足的能量会自然洋溢在所到之处。这时候，你便散发着富足的光芒。在这种情况下，你对财富的使用与见解会自然地吸引他人。人们会愿意向你主动靠近，请教你财富观念的独特之处。或向你寻求合作，与你共同创造财富。在你真正活成丰盛后，就无需"宣传"它的奇妙之处。你丰饶生活的例子照亮了他人的丰裕之路，你自身生活的富足与丰裕，就是你为他人带来的最高祝福。

"我祝福每一个人"

我祝福每一个人的富足。要真心祝福朋友的成功,他们的成功也会为你生命中的成功带来力量与祝福。具有富足意识的人,往往聚集在一起分享富足,正如匮乏的人总是抱成团相互取暖一样。富足的喜悦是一种富有生命力的、开放的能量,它像一个太阳,散发着爱与自由的光芒,它只需要做自己,就能感染他人。只要你愿意,它有足够的资源接纳你,使你成为太阳的一部分。你将会被它接纳,被照耀,投射出内心的光芒。

相比之下,加入依靠传递匮乏而形成的团体,更像身处一个冰冷的山洞。这里简陋、破旧、不自由、资源极少,只能容纳有限的人。由于缺乏生命力,它并没有环境能提供资源的生长,来到这里的个体必须互相抢夺资源。靠分享悲惨捆绑起来的关系,让这里的人际关系很难稳定。并且,总有人受够了匮乏而离开。

因此,当你的朋友去追逐太阳,请你发自内心地祝福他,他迈出了成长的重要一步。向每一个成功达成财富自由的人传递爱与祝福,他们的成功往往投射预示着,你也走在迎接更大丰裕的路上。

第三部分
财富通道与情绪

宇宙的丰盛之流是无限的,
我允许自己得到最适合成长道路的事物。

第四章

财富通道与
财富空间

正如上文所说，财富是我们生活中必不可少的媒介。财富代表着丰盛的能量，但它的意义绝非仅限于金钱。除此之外，财富也关于物质、精神能量、事业、人际关系以及亲密关系等各层面的丰盛。换句话说，凡是能为我们带来成长与富足感受的事物，都可以被视为一笔财富。

一个真正富有的人绝非仅仅只占有大量的金钱。真正的富有象征着他在生活各个面向的资源都是流通与丰盛的。

一、财富通道

财富通道是财富到来并流经我们的通路，它是以你为中心的能量通道。财富通道并不像是物质世界中由一砖一瓦构建出的真实路径，而是一种能量形式的存在。

区别于我们肉眼可见的管道，这个能量形式的通道并不

第三部分
财富通道与情绪

能像我们触摸键盘一样被真实地"触碰"——不是真的有一条通道在我们周围。因此,我们并不需要拿起扫把费力清扫。相比之下,这个通道更容易被清理、疏通与扩展,而我们只需要运用心念的力量就可以做到。

财富通道以你为中心,分别向上下两端延伸——它能够无限延伸,从这里我们可以分别连通到地球母亲与宇宙的力量。在通道中的力量是自上而下循环流动的。宇宙为我们带来丰盛的意识,通过财富通道的入口向我们传送财富能量。丰盛的能量从这里进入,来到你的身边,并继续向下走,而地球母亲则将我们的情绪垃圾和负面能量进行处理。在这样的循环中,我们也被包裹在财富能量的循环里。

> 宇宙的丰盛之流是无限的,因此你不必担心某一天会没有足够的资源来到你身边。这样的事情并不会发生。

二、财富空间

而财富通道内所形成的空间,叫作财富空间。

财富空间的基础大小,是由你的财富吸引力、前世业力、财富模式、情绪与创伤共同影响下的产物。在不对财富状况做任何改善或损害的情况下,它们决定着流经你财富的"基础数量"。就像有人天生就有姣好的相貌,相比之下,一些人的相貌就差很多。对于财富也一样,总有人能轻易地获得财富,而有人则要花费一番工夫。

然而,正如我们所知道的"相由心生"的能量公式一样,随着日积月累,一颗恶毒的心会将美丽的容颜变得狰狞,而在爱心的不断滋养下,普通的相貌也能够散发出令人赏心悦目的光彩。爱是心灵最好的滋养品。这种恒久滋养的力量,总会在点滴事件中展露光芒,渗透进生活的各个面向。内心的力量,是能让你更加坚韧,迎接盛大财富的最终力量。

回顾二十年前被称为"富人"的人们,他们现在是否依然是当下生活的佼佼者?在生命的进程中,能够把握生活的人,一定拥有真正的内心力量。同样,在与财富的相处过程

第三部分
财富通道与情绪

中,我们可以通过"得法"的方式增加内心力量,并同时扩展财富之流。这种扩展是在我们财富基础数量上的扩展,它促使我们与财富的关系更亲密,使得财富经历更少的阻碍就能来到身边。

在接下来的练习中,我们将实践清理与扩展财富通道的练习,以便于对财富通道有方法论上的了解。

练习1 如何疏通财富通道

这个练习的目的是帮助你学习疏通财富通道、与宇宙连接的方法。它能协助你扩展财富通道,使你拥有更多丰盛。

1. 准备练习

这是练习前的准备。它协助你看到你的财富通道,并了解它的结构。

关注你的心轮处,放松并回归内心。看到自己站在财富通道之内,你处于它的保护中。环视四周,那是你财富通道的内壁。通道的内壁距离你有多远?是在你伸手就可以触摸到的地方,还是一眼都望不到边呢?通道的内壁距离你越远,说明你财富通道的空间越大。你怎样评价这一空间?它能带给你舒适的感受吗?身处其中,你感到安全和踏实吗?你觉得它过大或过小吗?还是刚刚好?

抬头看到这条通道的尽头,这是你的财富入口。此时你正处在能量的空间,并不受到物质世界中"视力范围"的限制,因此,你不必担心会由于"太远"而无法看到通道的入口。在看到入口之后,请切实确认,这是

第三部分
财富通道与情绪

宇宙向你传递财富能量的入口，它是能够协助你达成财富自由的重要门户。这样做是在向潜意识传达确认的感受。潜意识是一个需要引导的孩子，在你面对一个新鲜事物的时候，他的习惯性反应往往是退缩，并选择那个他更熟悉的，而非更好的模式。因此，为他带去确信感，告诉他这个事物是安全的，会为你在接纳财富的过程中，带来更大的便利——他会明白什么是对你来说具有更大美善的选择。

　　向下看到这条通道另一端的尽头，它连通了地球母亲——你可以用自己的方式理解地球母亲，自由构想出她的形象，无须给自己任何限制。无论如何，地球母亲都代表着坚实稳定的力量，她拥抱并接纳一切负面能量，将其转化为我们所需的能量，万物都接受着这种能量的滋养。这也是我们称她为"母亲"的原因。与上面的练习一样，你不必受到物质世界中，一切物理规则的限制。这个通道是无限向下延伸的，而你并不会因此"掉下去"。你认为它有多长呢？这个长度足以让整条通道稳定而有力吗？观察它的状态，它是否牢牢扎根在地球母亲的怀抱中，与地球母亲有密切的连接？

准备练习的目的是协助你熟悉这个"顶天立地"的财富通道，了解在你的生命进程中，还有这样一个空间能够为你提供帮助。你可以经常进行这个练习，一方面连通天、地、人三者的能量，使各个环节的能量运行顺畅，另一方面，这个练习能够加深潜意识的确定感。在此基础上进行之后的练习，会让你在操作中增强自主的财富意识，并及时关注财富的能量环境，连通物质世界与能量空间，解决自身的财富问题，更有效率地达成丰盛。

练习2　疏通与净化你的财富通道

这个练习能够帮助你的财富通道得到最大程度的通透。

1. 关注你的心轮处，放松并回归内心。环视四周，那是你财富通道的内壁。试着在这个空间中走动并观察：它的颜色是否明亮？它是否光滑？它是否洁净？有破损的地方吗？这个破损有多大？可能是什么原因造成的？

2. 请求宇宙为你带来用以清洁的白光。白光是最具净化能量的光芒，它能够融解能量杂质，发挥最完善的清洁作用，让所到之处达成完美的统一。它具备最高善的灵性智慧，只要你允许，它就能够自发地替你完成清理。如果你不确定自己给出的允许是否能够真正起作用，可以用语言强化这种意图，加强心念的力量："宇宙（大我／上帝／主，或你认为最有力量的称呼），我请求你带给我最具净化能量的白光，并帮助我清理我的财富通道。"

3. 调整呼吸，看到白光在为你的财富通道带来洁净。白光会将通道内的能量杂质逐渐覆盖并融解，有白光流过的部分将会得到最高的净化。如果你的通道内壁存在破损，你会看到白光覆盖在破损处，自然进行修复。假如你当前尚未发展出清晰的内视能力，无须担心，这并不会影响清理的效果。你可以试着转为关注身体感受的变化。感受到你的身体逐渐放松，轻快和舒畅，这是财富通道的环境在改善所带来的身体感受。在这个清理过程中，无论你的关注点是什么，你要做的都只是信任与交托。

4. 在白光修复你的财富通道后，被中和的白光能量会随着通道向下流去，投入地球母亲的怀抱。就像我们之后在处理情绪的练习中一样，允许地球母亲帮助你接纳这些能量。到这个步骤为止，财富通道的修复就完成了。一个"健康"的财富通道是散发光彩，没有杂质，完善而没有破损的通道。

财富通道的状态往往是你当前一段时间财富状况的映射。就像一个混乱的头脑无法产出表达清晰而高频的文字一样，状况不佳的财富通道，也无法容纳财富顺遂地流过。在你的过往中，由金钱产生的创伤和情绪体验总会在通道中留下痕迹：富足感或愉悦、轻快的高频情绪感受，会使它越发明亮而有秩序；巨大的财富创伤、匮乏体验、无力感、歇斯底里或痛不欲生的负面情绪，会对你的财富通道带来诸多损害。这些情绪垃圾会堵塞在通道中，同时制造混乱。疏通财富通道，就是修复和清理这个被我们过往创伤和不良情绪体验所伤害的管道。

第五章

情绪，迎接丰盛的关键一步

一、专业对待你的情绪

每一次，当我们的意识被担忧、焦虑、不安全感等负面情绪所困扰时，就会无限地占据爱与其他正面能量，将它们侵占并覆盖。实际上，情绪本身并没有好坏，只是我们在物质世界的生活中，人为地将它们贴上"好"与"不好"的标签。无论"好的"还是"坏的"，情绪都在那里，不生不灭，不增不减。

就像我们要把昆虫分为害虫和益虫一样，其实原本在广阔的大自然中，并没有"害虫""益虫"的划分。我们只是将一旦不能妥善处理就会影响生活质量，甚至危害生命的昆虫，人为地划分为"害虫"。在情绪的划分上也是如此，如果个体在较长一段时间中都处在低落的情绪状态里，这会严重地损害生命健康与能量活性，因此，我们就将这类情绪归为"负面情绪"。

当爱与平和的力量还并未那么强大与坚定时，负面情绪的积累就会成为一种不可忽视的危害。而携带着负面情绪，并且被其影响，会使得我们产生消极悲观的状态，在这样的状态下更容易产生冲突和争执，因此，我们需要专业地对待情绪，更多地与负面情绪和解，发展正面的情绪状态。

1. 你的攻击是在"喊疼"吗？

情绪并不是你的所有物，它并不是你的内心中本来就带有的力量。

去觉察你对情绪的惯用处理方式，在负面情绪来临时，你倾向于忍住不说，还是强烈地表达？当你暴跳如雷的时候，试着去看看你心中那个实际上瑟瑟发抖的孩子。他是不是在用与真实感情完全相反的方式保护自己？他是否真如他表露出的那样强大？他害怕吗？暴怒、攻击是不是他的伪装？他可以代表你的内心吗？

如果不去看你强大的外表，在这种情境下，真实的你一定觉得受伤。每当你平静下来，你是否都会意识到，你的攻击只是在用过激的行为告诉对方：我很痛，请你远离我，不要再伤害我？

实际上，专业地对待情绪，并不是要将情绪"忍住"，埋在心里。市面上常见的"情绪控制术"只是一种让你看起来"高情商"的伪装方式，但是，这种方式并没有疏通你与情绪的关系，促进你们达成和解。它会让你的身体与能量的关系产生混乱，从长远看来，这对于你的心理健康与能量保持没有任何益处。

选择用压抑的方式对待情绪，往往只是将它暂时埋在了土壤中——真的只是暂时而已。很快你将再也无法逃避它：它会生根发芽，带给你成倍的、与之相似的果实；它会不断地制造混乱——也许是一段让你崩溃的人际关系，也许是生一场病或者失去一大笔钱……总之，它往往会选择一种激烈的方式去引起你的注意，直到你能真正看到它，认出它，与它相处，它才愿意放过你——是你们放过彼此。

我的一位个案，在同事温和地指出他的几个格式错误之后，与同事大吵一架。带着对于这件事情的复杂情绪，我们一步步共同深入挖掘：你在之前有过似曾相识的感受吗？在当时你有怎样的情绪感受？在这种情绪下，真正的你是怎样的？

他回忆说，小时候曾经在作文课上，老师因为一些小问题当着全班同学的面斥责他不认真，没有能力。这让他感到很丢人，很沮丧，于是选择用拒绝再上这位老师的课、拒绝学习如何写作文来向老师示威。而在内心最深处，他在写作文这件事上，依然是毫无自信的，在这件事情上，他本就不认可自己的能力。过度的防御与保护背后，往往有一颗尚未痊愈的脆弱内心。不良情绪的症结并不在于他人，而在于你没有抚平内心的旧伤疤。同事本来只是好心指出错误，却无意中触碰到了他旧有的伤痛。脆弱的内心因为感受到疼痛，马上予以惯性的反击——就像当年对待老师一样。与情绪和谐相处的过程，就是帮助你修通自身创伤，找回自己力量的过程。之所以由一种事件所引发的情绪能够刺痛到你，是因为你在之前并没有关注过你的创伤。

想要真正地看到情绪，首先应该明白，你与它不是一体的，它只是帮你检验创伤的工具。每当它流经你的伤口，就显露出来，刺激你做出情绪反应。

2. 成为管道而非容器

实际上，真正"保护"你不受到情绪伤害的方法是，首先承认你有情绪，并愿意面对。

在被负面情绪侵袭时，首先去辨别：在让你产生情绪的事件中，（1）是事件中的哪一部分触痛到了你？（2）这一部分触痛到了你内心当中怎样的伤疤？

要在这两个问题上真正做足功课并不容易，这往往需要对情绪和旧伤进行深入挖掘。挖掘的过程既不是一蹴而就的，也可能让你感到不愉快。但是，挖掘的目的并不是让你因再次触碰旧伤痛而受到折磨，这一过程仅仅是帮助你"看到"与"面对"。当你看到，问题就解决了一半。

去思考，若不存在创伤，事件会刺痛你吗？当你能正视情绪，将它看作伙伴而非仇人，不断调整你与情绪的关系，将它视为真正有价值的事物，你就能在成长中真正成为通透的人。你将意识到，你并不是它。

你将会与情绪自然地剥离开来，在情绪来到时，你只会看到：哦，我的情绪来了。当情绪离开，你也并不挽留：我的情绪自然地走了。至此，你就不再是盛放情绪的容器。无论情绪如何来来去去，你都只是情绪流过的管道，就像河水流经村庄一样，这只是普通的一天中，一个普通的时刻。

当你已经成为应对情绪的专家时，你就能够看到情绪的自由来去并感到自如。这时，你便拥有了自愈的力量。情绪再也不能轻易将你吞噬或打败——那时也并不存在谁打败谁这样的说法了，它已经成为你的得力助手。不仅如此，还会有更多的正面情绪向你流动。

连通天、地、人三者的能量——在你的生命进程中，还有这样一个空间能够为你提供帮助，连通天、地、人三者的能量，使各个环节的能量运行顺畅，并加深潜意识的确定感……

第三部分
财富通道与情绪

练习1　疏通与安放情绪的"地球"冥想

这个练习将利用"实物化"的方式协助你，即使在你缺乏内在视觉化的经验，或是从未接触过冥想练习的情况下，仍能将情绪与你本身有效地剥离开来，并让它流走，不再影响到你，让你找回被情绪压制的力量。

1. 你此时的情绪是怎样的？是愤怒、恐惧、伤心、嫉妒、无力……或是多种情绪混合缠绕在一起，又或者，你的情绪已经大到你无法一下分辨出来？无须为难自己，在适当分辨你的情绪种类后，请进行下一步。

2. 你的这种情绪存在于你身体的哪个部位，它是否将你死死压住或者堵塞了你的能量流动？这个情绪在你的头部，让你体验到头痛，甚至有撕裂感吗？它在你的胸口，给你带来压抑感吗？继续缩小并找准部位，它存在于你的胃部，让你感到反胃或有痉挛的体验吗？看到你的情绪正在哪个部位影响你，将为进一步剥离情绪做准备。通常，胃部是我们盛放情绪的容器，我们产生的情绪往往第一时间由胃部接纳，因此，许多胃部疾病都是长期受到不良情绪影响所导致的。

2. 当你找到了情绪所在的部位之后，去感受它的样子。它是怎样的形态？像一团火吗？像一个怪物吗？还是像你的某一个认识的人？不要惊讶于它的样子，没有什么样子是不可能出现的，遵从你的第一感受非常重要。它有怎样的表情？它想要对你做什么呢？它是气势汹汹，想要吞噬你吗？或是仅仅一动不动，占据你能量场的一部分，并潜移默化地影响你？

3. 将它从你的身体中"取"出来，放在你的面前。试着选择你更擅长的方式让它停止占据你，来到你的面前。对于我来说，我最擅长的方式就是"简单粗暴"地将它直接用手取出，放在我的面前。而在我彬彬有礼的先生的方法中，常常需要"邀请"它们，直到它们自己有意愿出来。总而言之，无论使用何种方式，这是将它与你分离开来，不再占据和影响你能量的第一步。

4. 接着去感受，当它离开你的身体后，你的身体感受还在吗？你的头痛、胸闷、胃痛等状况是否有所缓解呢？

5. 在你与你的情绪面对面后，看着它，它也在同样地看着你吗？调整并放缓呼吸，持续地凝视一段时间。面对着它，你的感受如何？你怎样评价它？它是怎样的？它孤独吗？你厌恶它吗？或是，你同情它，觉得它可怜吗？

第三部分
财富通道与情绪

6. 对你的情绪鞠躬，感谢它愿意与你面对。对它表达："你好，我的情绪。我曾经产生了你，但是，你在我身体中的存在已经影响到了我的生活，而我并不能给你滋养。因此，我选择不再与你共振，不再让你的力量控制我。我不是你，你也无法替代我。现在，是到了我离开你的时候。也请你回到你应该去的地方，回到地球母亲的怀抱中。"

7. 将力量放手交托给地球母亲，这是你允许地球母亲协助你将情绪送走的步骤。在你授予"允许"的意图之后，情绪的疗愈就发生了。目送你的情绪转身离开，回归到地球母亲的怀抱，正如落叶归根一样。

8. 调整呼吸，回归平静，再次检视你的内在，没有了情绪的干扰，你有怎样的改善呢？你的能量场是否更完整？持续调整你的呼吸，直到你感受到能量的畅快。至此，你就已经将属于自己的力量拿了回来，不再受情绪的控制。

一些必要的说明：

为情绪指出地球母亲这一去向，是非常关键的一步。情绪的去向非常重要。如果你仅仅是与情绪分离，而并未关注到情绪的目的地，那么这一分离就可能是暂时的。也许很快地，它将重蹈覆辙，回到你身上——它需要一个去处，它需要被滋养。

如果你不能一次性将情绪移除，请保持耐心，重复一段时间。有时你在处理的情绪，是由深层的情绪积压而来，要一次性处理完它们并不容易，而事实上，一种深层的情绪往往会与多种其他情绪相连，面对它们，请保持耐心。长久以来它们就在你的潜意识和你的身体中存在，你一次次地将它们储存，也要一次次地清理它们，并不存在一种一劳永逸的方式。这个练习可以随时随地进行。随着练习的增多，你逐渐就可以将前面的一些步骤内化，直接来到第三步，与情绪面对，并达成和解。这个练习也可以在每晚睡前进行，这是一个处理情绪事半功倍的方式，因为你的潜意识同样能够帮助你在睡眠中处理深层潜在情绪。

3. 保护自己的情绪不受影响

在你开始修通自己的情绪之后，你就在逐渐变得通透。情绪的到来不会再使你产生混乱，相反的，你能够意识到这种情绪从哪里来，并能很快挖掘到那个最深的创伤点，带着包容和接纳与之相处。

随着你变得越发通透，也许有一种新的"困扰"随之而来——对他人释放的负面情绪和环境中的负面能量变得非常敏感。他人与环境中的能量频率可能会为你带来掌控之外的

第三部分
财富通道与情绪

情绪。并且,能量的影响并非只发生在你能注意到的面向。在你的意识不能关注到的面向中,很多能量信息也在潜移默化地影响你,扰乱你的能量秩序。

例如,他人在身后对你的评判与情绪上的攻击会切实让你受到伤害,扰乱你的能量秩序。长此以往,这会在很大程度上影响你的生命质量。当然这些情绪和攻击都不属于你,但依然为你带来准备之外的困扰,需要增加额外的心力去应对。

面对这样的情境,仅仅将自己看作受害者是不明智的,相反,我们应该为自己的生命质量负起责任。因此,与其将它当作困扰,倒不如将它看作成长阶段中的新功课。真正拥有智慧的人,总是把功课看作一种改善生命、顺遂生命之流的提醒。

有时候身处一种负面能量较多的环境是无法避免的。如果你在医院工作,你的生命任务就是救死扶伤,为身体不适的人带来帮助与陪伴。然而,在尊重生命工作的同时,会让你不可避免地接触到病气、病痛的身体和低落的情绪。在这种情况下,我们需要首先保护好自己,免受环境中的干扰。

以下这个练习可以帮助你,不借助自身以外的工具,只运用心念的力量,就能为自己营造切实有效的保护。这让你不再需要与环境中的负面能量"近身肉搏",受到伤害后再去处理。如果你在之前没有接触过任何形式的冥想,那么,在初次练习之前,也许你需要洗个澡,换上宽松的衣服,多花一些时间让身心处于放松和宁静的状态。最初的练习可能会花费较长时间,熟能生巧后,你就能在起心动念的瞬间完成。

练习2　保护自己不受外界负能量干扰的"色彩防护"冥想

1. 深呼吸，放松并回归心轮处。
2. 直立，双脚并拢，将双臂充分伸展，与肩膀齐平。在脑海中，依照你的头、双手指尖、双脚这几个点，画一个大圆。
3. 想象以直立的你为轴，让这个圆面旋转。这样，就形成了一个能将你完全包裹的球体。我们将为自己所做的能量形式的保护，就是将这个球体赋予不同的颜色光芒。不同程度的防护，是与它们的颜色频率相对应的。使用不同的颜色频率，能够满足我们在不同情境下所需要的保护。下面介绍几个常用的保护类型。

白色：

代表净化与初级的保护。白光是由不同频率的光融合在一起的光芒，它能提供最稳定与柔和的保护。在普通而平和的情境中，比如办公室、会议室情境中，非常适合使用白光。白色防护的最大特征在于"广泛"，它适用于任何情境。然而，它提供的保护缺乏针对性，在一些负面能量强烈的环境中，这种保护就显得较为薄弱。

在这种情况下,就需要使用其他种类的保护。

绿色:

明亮的绿色防护,在身处容易唤起内心伤痛的情境中最为适用。以我为一个失恋的个案提供咨询的情境举例。在咨询过程中,我的个案细数了和男朋友从相恋到分道扬镳的七年时光中,经历的所有重大事件。在讲述中,她带着巨大的伤痛,以及非常强烈的被害者模式,认为自己在这段感情中付出过多,并没有收获好的结果,是严重受害的一方。在我共情的部分,无可避免地受到她情绪的影响,体验与她相同的情绪频率,这让我严重消耗自身能量。因此,在这个情境中,我选择使用绿色防护为自己提供保护,一方面,帮助自己抽离出个案描述的悲伤情绪中,另一方面,保护我的能量尽可能减少消耗,让我有足够的内心力量在共情与冷静分析两种状态中自然转换。同样的,如果你的朋友在一些关系事件中受到伤害,向你倾诉,你可以使用绿色防护,让自己不必过度地被他的负面能量影响。

蓝色:头脑与意识的攻击

蓝色频率的保护,能够帮助你在受到头脑评判、口舌争执、恶语中伤的情境时不被带入同样的频率,而陷入到与对方相同的低频场景中。如果有人只是出于盲目判断和想象就没来由地指责你,那么,发出这种指责的人往往只图一时口舌之快,他并没有真正的思考与逻辑,他的头脑造就混乱不堪。这类指责的目的就是,用语言释放出的负面能量,像蚕丝一样一层层把你包裹在其中,动弹不得。被卷入这样的情境中,即使你非常愤怒,也要在第一时间将自己保护起来,以便与这种负面能量保持距离,给自己一个可以思考的洁净空间。这会让你最大程度地避免被恶语中伤,或者做出不利于自己的行为。当一场争执发生在你的周围时,你也可以使用蓝色的防护保护自己。

紫色:最坚固的保护

与白色防护的全面保护相似,紫色的频率提供的保护也是非常全面的。如果你面对的场景没有那么强的针对性,那么,你可以只选择紫色防护来应对大部分情境。在你不知如何选择的时候,紫色频率的防护常常是一个万能的选择,与白色防护相比,它更坚固。

以上是关于各种颜色频率能够提供的保护,它们基本能满足所有情境下的需求。在各种颜色频率的使用上,并没有严格的规则和定式,你可以根据感受随心选择。我常在人流密集的地方习惯性地使用紫色防护来保护自己，这个最坚固的保护能够让我在能量频率参差不齐的环境中，也依然感到安全自如。而在遛狗、逛街时，往往使用白色防护就足够了。另外，若你想为自己提供更安全严密的保护，也可以选择多个颜色频率的保护，只要将它们按照以上介绍的颜色顺序，依次将自己"包裹"进去即可。在日常生活中，更多使用这些保护，能够帮助你隔离负面能量的扰乱，全面提升生命质量。

二、向宇宙寻求更大美善

1. 全面扩张财富之流

在你精通了财富通道的清理与情绪处理之道后，就有更大的力量去追求更高美善。下面的扩展练习能够帮你全面扩张财富之流，并且告诉你，如何向宇宙提出要求，才能得到最适合你的事物。

练习3　扩大财富入口，向宇宙寻求更大美善

1. 关注你的心轮处，回归内心。抬头看到你财富通道的入口，财富能量流由这里进入，并参与你的生活。看看这个入口处，它有多宽？对于这个宽度，你满意吗？它周围的环境好吗？是非常明亮还是灰蒙蒙一片？有什么事物在那里成为阻碍吗？这些事物是什么？是你的情绪吗？通过它进入的能量是否有秩序？有什么在那里，限制着正面能量的进入速率？无论是什么，你都可以直接使用白光对财富入口的环境进行清理，就像我们在之前的练习中讲的那样。

2. 允许并保持开放。这是打开财富入口最重要的一步，"允许"的力量，正是你的财富通道得以扩展的力量，"允许"是财富通道扩展的原因。对宇宙授意允许并不难，在你起心动念的那个当下，能量就产生了。你也可以接着用明确的语言加深心念的力量，告诉宇宙："我允许自己得到最适合我成长道路的事物，而并非那个简陋的、无法为我的成长提供便利的事物。我知道，我可以拥有的事物有很多，我配得到更好的事物。我愿意为将要到来的事物保持开放的态度，我愿意选择接纳而不是

拒绝。"当你对财富的态度越发敞开，就是在告诉宇宙，我已经准备好拥有更多，我值得拥有更好。当你恰当地表达了允许，就能够看到，你的财富通道从入口处开始扩展。它拥有自己的灵性智慧，将作为你当前接纳程度的投影，达到它相应的宽度。

3. 运用相信的力量

如果匮乏的能量长久植根于你的潜意识中，那么当你在进行步骤2的练习时，潜意识出于惯性和对于改变的恐惧，会用"质疑"来攻击你的头脑。

"这是真的吗？我只要简单地说一句话，就能够扩展我的财富通道吗？我还没有发展出内视的能力，也一样会发生作用吗？我财富通道的扩展，是否只是我的心理作用？"

如果在你的意识中，还存在有这样的疑问，那么请重复练习，直到你产生了内心的"确信感"。而实际上，坚持这一练习，即使在你尚且不能完全相信的情况下，依然能够体验到财富状况的改善，而这种改善也能够改善潜意识的不确信感，在这种"行为—意识—行为"的循环中，你就能够逐渐运用相信的力量。

一些必要的说明：

我们在练习中所说的，"允许自己得到"的意义并非在于，我们一定要变得极具野心，去占有一切，去得到最贵的事物，去得到最优秀的爱人……如果这个事物来得并不合时宜，那么它可能会成为你成长道路上的一个障碍。最贵的事物也未必是对你的成长有所帮助的。"允许自己得到"的意义在于，这意味着你愿意迎接让你真正喜爱，真正适合你，并能为你带来成长与富足感受的事物。也许一颗玻璃球远比一颗钻石更能得到你的珍视。因此，我们在向宇宙提出要求的时候，一定要说明，你允许并接纳最适合你成长道路的事物到来——你会发现这是最好的方式，它既能成就你的成长，又不会为你带来负担。

2. 向宇宙提出要求

宇宙只会带给你那些对你的成长有最高意义的事物。如果你觉得当前的事物总是在对你造成伤害，这往往是你"允许"了这些事物留在你的生活中，并侵占你的生活空间。你并不是在被迫承受伤害，如果你不允许，没有什么能够伤害到你。你可以直接提出要求：如果我的要求有悖于我的最高成长目的，请你不要帮我实现它，并将对我来说最好的事物带到我的面前。提出这样的要求需要勇气，因为往往我们会倾向于抓住熟悉的事物不愿放手。

在你提出要求后，你所要求的事物可能会很快地来到你的身边，但这可能只是现阶段最适于你成长的事物，并非"天长地久"的。我们的头脑喜欢熟悉的事物，并且容易对分离产生焦虑。一旦尝到"甜头"，就会有占有和控制的想法产生——"如果一直是这样就好了""真希望永远这样走下去"。这些想法往往都来自潜意识中的执着和对未知的不安，我们总是希望熟悉的事物永远留在身边，害怕一旦失去，将要到来的新事物会不如现在所拥有的。因此，即使旧的事物早已不适于你的生活情境，即使已经在为你的生活制造混乱，甚至带来伤害，你也不愿意放开伤痕累累的手。对于未知的恐惧常常会封闭新事物到来的道路，使你长久地在当前的困境和伤害中挣扎。如果你抗拒率先做出改变，那么，潜意识总会制造更多混乱情境，让你被迫做出改变。

　　换一种思维考虑这一状况：当你陷入混乱的状态时，是不是到了该做出改变的时候了？

第三部分
财富通道与情绪

实例1　放手后的丰盛

这是在我一位灵性具足的朋友身上发生的故事，她主动提出，愿意通过我，将这个故事告诉大家。

她的感情生活从来都不顺遂。

她的每一任男朋友都一样：向她无限制地索要，无论是物质还是陪伴。而她也缺乏自己的界限，无限地给予，无限地付出，完全忽略了自己的需求。当然，她与每一个男朋友的结局也类似，他们一方面接受她的好，另一方面，早已悄悄背叛了她，直到被她发现，这段感情便宣告结束。往往在痛哭几晚之后，她就去寻求新的男朋友。在长达五年的时间里，她的感情都在如此的循环当中，并且被抛弃。

然而当局者迷，在这样重复相似模式的感情中，她感到很快乐，因为她是"被需要"的。直到被其中一任男朋友骗走了她大半积蓄后，再无音信。在终结了这段感情后，她才意识到，在每一段感情中，她都在需求上充当了与"母亲"相似的角色。过度付出并不能让她收获一份健康的感情。

在与我谈论之后，她选择花半年的时间，常常进入自己的财富通道进行清理和修复，并告诉宇宙："如果一份感情并不能对我的感情生活带来成长，如果这份感情所制造的情境对于我的生活是一场灾难,那么无论我如何要求,都请不要将它带进我的生活。请带给我一个对于我当下的成长来说,最好的另一半。"对于财富,她也使用相同的方法进行改变。

很快的,来到她身边的人有了巨大变化,不仅为她带来了最细腻的情感呵护,也帮助她达成了财富的顺遂,协助她开了一间英语培训学校。她的生活在短短半年内就发生了巨大的变化——远远不再是相似模式的循环,而真正走上了成长的路。

现在,他们已经有了一个八岁的儿子,而她的儿子,也在母亲勇敢、敞开的意识影响下学会了对自己的生活负责,成为更加有责任心的孩子。由此,她收获了感情生活、家庭生活与财富生活的丰盛和富足。

在上面的例子中,我的这位朋友在遭受男朋友的暴力后,才去寻求改变之道。所有改变都是为了你的生命最高目的,都是为了你的成长。因此,请对这些事物保持开放的态度,明白即使你身边的事物来来去去,这都是最好的安排,都是为了带给你最高的成长,并尊重你的生命安排。如果你愿意顺遂生命之流,对即将离开的事物道别,敞开心扉接纳将要到来的事物,那么,一定会迎来你生命中所谓"更好"的事物。

第四部分

财富与事业

你的生命工作正是为你量身定做，
它本来就在那里，等待你的到来。
你知道，如果换成别人，
一定没有你做得这么好。

第六章

财富与事业

一、财富只与你是谁有关

任何发展中的事物都是波动的。

正如自然界中有潮起潮落,在社会中也一样,财富的能量也会经历涨潮与退潮。涨潮的时期总是为更多人带来丰裕的体验。比如前些年的时候几乎每个人都能在股市中大显身手,赚得盆满钵满一样,这是经济大环境涨潮带来的福利。

而现在,在互联网行业兴起的大背景下,更是将不同的人创造财富的起跑线拉近了。无论从事何种行业,都有人脱颖而出。这些人在获得金钱的同时,一并收获了人际关系的丰盛。可以说,这是一个只要你有趣又用心,就能够与丰盛靠近的时代。

经济的涨潮期的确推动着社会的财富能量走向鼎盛。而在经济的退潮期,善于处理与事业关系的人也能够避免财富的过度流失,减少经济大环境不景气对自身的影响。

换句话说,无论经济大环境处在何种情况,总有人鲜少

第四部分
财富与事业

受到影响,长久地创造价值,保持丰盛。如果说经历匮乏是由于大环境的低谷,那么,为什么即使在财富涨潮的背景下,依然有人无法与财富靠近?反观那些能够长久获得丰盛的人,他们与他人相比,又有怎样的独特之处呢?

无论事业格局,财富只与你对待工作的心念有关。也就是说,不论大环境如何变幻,都不是我们体验匮乏的理由——除非是你真的想要去经历匮乏。所有的匮乏经历都源于内心意识,如果不做出任何调整,即使看似努力地工作,也无法将你带离匮乏。从来没有什么理由能让我们将自己看作是大环境的受害者,无论从事什么职业,在职场中,你创造的财富价值只与你如何对待工作有关。

"为什么我一直在追逐财富,财富却从来不愿意为我停留?"很多时候,财富未能与丰裕真正相连的原因,在于你还没发觉在意识中是哪里出现了问题。

接下来的内容将协助你修正观念,改善与工作的关系,发觉真正属于你的生命工作。

1. "有人与我抢夺财富",这是真的吗?

财富之流是无限的,它不会因竞争而减少。

当你不断奋斗,在某个领域中脱颖而出时,接下来非常可能总会不断涌现追随你和模仿你的人。在这样的情境中,你是否会觉得，这些追随、模仿你的人，会对你的事业产生威胁，并对你的财流造成冲击？

从更大的格局来讲，当你的企业已经成为行业领先者，你是否会担心，被后来者抢占了你现有的"市场份额"？

实际上，这两者的本质问题是相同的。无论生意大小，无论财富多少，在这背后都是围绕着匮乏的意识在作怪。

当你产生这种想法时，请你看向内在：在这个假设背后，是否潜藏了一个匮乏的财富模式？就像一个孩子害怕同伴抢走口袋里的几块糖一样，当你担心流经你的财富会被他人抢走、他人的壮大只会削弱你的力量时，是否说明，你相信财富是有限的？

拥有这样的财富模式往往意味着，你选择相信匮乏，并且无视自己的力量。这样，一旦遇到与竞争有关的事件，你就无暇将能量投入在服务上。这无关你事业的大小，它仅仅代表着你如何看待竞争。

然而，竞争总是无可避免的。但如果将每一个真实或潜在的竞争情境都看作抢夺，这很容易让双方陷入低频的争斗之中，相互打压甚至引发恶性竞争。并且，当你将更多能量长久地投放在争斗中，也会在未来被更多不愉快的情境包围。

"我的对手就是我的敌人"，是否会频频升起这样的想法？实际上，对手的存在并不能带走围绕在我们身边的财富。

在面对竞争对手时，我们首先应调整惯性的认知方式，

第四部分
财富与事业

不再将对手看作敌人。要知道，经由你们产生的价值正共同为这个社会提供着便利，这是你们共同创造的美善。在这个角度上，你们扮演了为他人带来财富的角色，你们都值得收获祝福。因此，给予尊重与祝福，就是我们看待竞争对手最智慧的方式。这能够让我们在面对竞争对手时保持平和的状态，以更好的姿态面对真正需要我们投入能量的工作。

除此之外，在面对他人的困难和痛苦经历时，不要暗自幸灾乐祸。在你对他人的苦难感到快乐时，你就是将自己放在了与苦难相同的地位。同样，苦难会把这当作一种认可，在日后乐此不疲地来找你。

当你在为他人的痛苦经历幸灾乐祸的时候，你是否有意识到，你的内心正在发生着什么？是你认为资源有限，他人的失败能够换来你的成功？又或者，在你看似强大的外表下，藏着一颗自卑的心，你需要用他人的痛苦来滋养你，证明你是优秀的？

无论如何，每个人都有他自己的灵魂选择，我们在成长中所填写的并不是同一份考卷，在各自的人生阶段中，我们面临的课题也各不相同。不要因为他人的一次失败体验而幸灾乐祸，你只要用心填写属于自己的那一份就好。

因此，无须担心竞争会造成事业上的损失。追随与模仿，正是对你付出的服务和自身的力量的一种肯定。要更多关注到，你在这份事业中一路走来，便利了多少人，创造了多少爱,收获了多少认可,这便是将能量投入到爱与服务当中。

一定存在着对于你的工作表示感恩与真心认可的人。试着探寻原因,在这类成功的服务中寻求经验。他人在认可你的服务或商品时,这种认可不仅仅停留在物质层面,也是对你能量本身的认可。内心的力量与带有爱的服务是无法被复刻的。它们能够稳定你的财富之流,也是让你不被大环境冲击的动力与原因。

2."为什么我得到钱这么阻碍重重?"

每个人事业的起步都是从点滴开始的,无论你是从职员做起,还是从个人生意开始,这都需要成长的积累。在我们的事业生涯中,总会遇到各样的人群,比如同事、交易对象、合作伙伴。对于企业来说,也同样适用这一概念。

对于每个人来说,不论你的工作责任有多大,而你的意识频率不同,在职场中所遇到的人也相应不同。如果在你的意识中充满了冲突、比较、嫉妒、恶性竞争、阴暗,那么就不要去抱怨你的客户为什么如此挑剔而苛刻、挑三拣四、出尔反尔、蛮不讲理。这正是你与客户同频相吸的原因。在职场中、在工作环境中接触到的任何人都与你是同频相吸的,无论这个人是你的上司、下属、客户或是合作伙伴。这正像是一个不珍视自己的人总会遇到一个对他做出无限伤害的人。

第四部分
财富与事业

同样的,不止在日常生活的"交易"情境当中,还有例如同事间的人际沟通花费或合作伙伴间的商务往来,在花出每一笔钱的时候,你是带着怎样的情绪能量花出它的?你的感觉好吗?

在你买到想要的物品时,请带着认可,发自内心地感谢服务的提供者——他作为媒介,让你有缘分遇见心仪之物。你的花费不仅购买到了心爱的物品,也答谢了服务者的眼光与为你带来的便利。这样,你付出财富便是承认了物品与服务的价值。当你在购得心仪之物的时候,也能照顾到他人的丰盛,不过多苛刻与要求,你就送出了带有光与爱的钱币,同样,财富会以爱的方式回到你身边。

实例1　赚钱总是阻碍重重，这是报应吗？

我的一位朋友，她的最大爱好是淘便宜货。她最擅长讨价还价，只要逮到任何还价的机会，她整个人都会"嗨起来"。甚至已经到了即使为便宜一块钱也要纠缠不休的地步。她从不在意卖家的心情，经常为价格发生争吵。

多年的淘货经验也造就了她的品位，她也开了一家属于自己的店铺。在店铺开张三个月后，她满眼泪水地来找我诉苦："为什么我卖的东西那么好，可是经常有一些挑挑拣拣的客人，挑剔和贬低我的商品？我给出的价格并不贵，为什么她们一再要求我降价，难道我辛苦挑选的东西看起来就这么廉价？为什么我辛辛苦苦打理店铺，热心服务，却总是遇到对我一点都不尊重的客人？我真的坚持不下去了！"

她一边爆竹般地连串发问，一边大哭了一场。发泄完情绪后，她愣住了。她发现自己对于客人的描述似曾相识。她说："我从来没有想过我遇到的这些人，就是我从前的样子。所以，现在这是报应吗？"

亲爱的，事情远没有那么严重。只是，你如何送出财富，就总是以相似的方式收到。我们常常说：愿你被这世界温柔相待。但事实上，很多时候我们并没有温柔地对待他人。是的，当你送出慷慨，你就收获慷慨；当你送出喜悦，你就收获喜悦。同样的，当你送出刻薄和计较，你也总会收到它们。

实例2　我的钱从天上掉下来

多年前的个案曾与我分享自己的小喜好：把一些奖金藏在员工能不经意发现的地方，并一同附上写有鼓励话语的小纸条。比如，夹在员工的书里，压在电脑下，或者直接贴在座位对面的墙上。发现这些钱的员工总是很惊喜，带着感动收下这笔钱。

他对于自己的两个小儿子也如此，把零花钱悄悄放在他们会不经意发现的地方。他说，他的孩子们告诉他，财富到来的方式让他们非常惊喜，仿佛被上帝眷顾了，财富从天上掉下来。

上个月，我再次见到他的时候，他与我分享了自己现在的生活。他的公司规模的扩展速度非常惊人，而他已经实现了完全的财富自由。现在，他只需要每周花六个小时处理工作邮件，其余的时间都在学习自己喜欢的东西，周游世界，每天都是假期。"我完全不用担心我的业务量和收入，我的客户都对我满心感动，我的订单和钱仿佛从天上掉下来"。

实例3　幸运女神降临了

我的邻居是一位非常有爱心的单身阿姨,她每天都把自己的晚饭留出一半,并细心地挑出小动物不能吃的调味料,去喂小区里的野猫。除此之外,她会为这些小家伙买最好的猫粮和罐头,就像对待自己的孩子一样。她如此悉心照顾这些孩子,以至于小区里的猫咪们每天晚上准时聚集在那里,等待她的身影。她一出现,它们便欢快地跑来撒娇,就像迎接幸运女神一样,期待着女神今天会为它们带来怎样的惊喜。

某一天,这位阿姨在回家的路上,路过彩票站的时候,从未买过彩票的她,突然生出"何不买一注彩票"的想法。没有想到,她尊重直觉的这件事,让她意外地中了一笔大奖。在向我分享的时候,她说,从没想过财富会用让她如此意外又惊喜的方式来到。除了恭喜她之外,我并没有感到意外:财富来到她身边的方式,正像是她给予那些小野猫惊喜一样——不过是幸运女神降临了。

二、用心送出服务

1. 无论如何，我都会用心送出服务

在现代社会中，大多数工作种类都建立在社会经济体系之上，不论是大型国际商贸、资本流动，还是小型的个人买卖，都是经由"交易"这一动作而产生财富的过程。不过，正如前面所说，无论存在怎样形式的竞争，无论有多少人在模仿你，请坚持提供你所能提供的最用心的服务。不论是从公司的角度出发，还是从个人的利得考虑，用心服务是任何业绩都能够稳定增长的前提。

无论从内在还是从外在而言，都需要用心送出服务。一个有效的营销方式同样需要用心地参与。在你用心送出服务的同时，也扩展了财富循环的通道，财富会以更加倍、更顺畅的方式成为你的收入。

宣传是现代人重视的营销手段，一个火热的新产品发售，它的广告可能铺天盖地、随处可见。但实际上，并非只有通过外显的宣传才能够提升业绩，你送出的爱与服务同样会替代你的一大部分工作，成为一种具有内在智慧的宣传。这种宣传携带的信息远大于几句广告语的宣传形式。与投入一笔钱形成的宣传效果相比，如果一种宣传是通过

第四部分
财富与事业

爱与智慧进行传递的，也许将会有更高的转化率、更多稳固的合作关系和更积极的反响。纵观一些百年屹立不倒、高品质的品牌，正是通过无数人长久以来积累服务的力量打造而成的。

很多商业活动通过增加宣传费用来扩大知名度，带来短时间内的业绩增长。但这些看起来热闹非凡的宣传大秀往往不能带来预期中的效果，甚至由于无法同步提升服务质量，在一时间增量的交易中无法保持原有的服务质量。这不仅使得订单数量呈现下降的趋势，往往还会产生负面的舆论影响。这种现象的产生往往是财富远离的开端。如果不能及时意识到问题的产生，很快，经营者将体验到财流的低潮期，并经历一定程度的匮乏。

一个企业或店铺的财流顺畅与否，与它提供的服务息息相关。在交易中，时刻提醒自己"不忘初心"，往往比令人眼花缭乱的营销模式更能有效协助经营。让服务优先于获取财富，是能让财富安稳留在你身边的重要原则。

营销手段一定是必要的吗？市场营销发展至今已经形成了独立的商业体系。不仅每个企业都会重视自身的品牌经营、公关形象，也随之产生了大量的广告公司、专业营销策划团队。这也逐渐成为一项吸引人的事业。然而，正因为广告、营销存在的特殊性，令我们更要引起对于"包装手段"或"虚假繁荣"的思考。

就单独拿这些广告公司、营销团队来说，以"包装手段"、宣传为生计的人们更要警惕，要能够发现服务对象的本质，更要用心地去提供服务。

当下，在财富的"创造"上有一种非常流行的形式。有很多利用社交平台发展壮大的团队，他们共同为一个品牌服务，宣传其产品价值，分享加入这个团队之后获得惊人收益，并吸纳更多人投身其中。

实际上，这种方式是否能够达成"传说"中的丰盛，是一件冷暖自知的事。但有目共睹的是，真正能够经历时间考验，被广泛认可的产品与团队，总是将关注点投入产品的改善与服务的提升，而并非"加入我们能赚多少钱"。这种自然流露的品质与富足，会吸引一批真正用心做事的成员。

举例来说，在这一领域，逐渐有许多真相被曝光，其中最常见的就是收入的虚假繁荣。大部分人在投身这样的团队之后并没有轻松地得到收益，只能通过发展新人来收取费用。为了吸纳新人，他们又选择使用上述宣传方式，形成一个虚假的循环。这种带有庞氏骗局性质的循环，是许多产品与团队中最常见的循环方式。

对于经营者来说，尤其需要警惕"虚假的繁荣"这一状态。这种状态无法为你带来财富。财富无法被直接"拿来"，但它会随着你真心送出的服务与爱，回到你的身边。

第四部分
财富与事业

2. 增强你的职业光芒与职业气场

除了直接从事交易、商业工作的人之外，在职场中还有许多支援型岗位，比如行政、综合管理、人事、技术分析等部门。

然而，当你以公司职员这样的角色在职场拼搏时，与公司的开创者相比，也许常常有种力量单薄的感受。实际上，即使我们只是独身一人，也能在这一自由度下，恰当运用与经营自身的力量。

你自身良好的工作状态与在职业中产生的价值，都在为你的工作增添光彩，共同成为一种"职业光芒"。它经由你发出，潜移默化地影响着你在工作中的表现与他人对你的职业评价。你每一次在经手的工作任务中发光发亮，都是在增强属于自己的职业光芒。这是一种内化并自然散发的光彩，在你面对工作时，它会协助你保有更高的专业度和素养。这种光彩一直在你的内心中生长，并辐射到生活的各个面向。无论何时，这都是一种让人愿意追随，又不能带走的光亮。

因此，即使你并不是一份事业的开创者，你也能够掌握事业与财富的主动权。将一己之力全然交托给事业，总不会被事业亏待，你总会在这份事业中收获回报。除了财富的犒赏之外，更提升了个人的价值。正是因为每个个体妥善运用的力量，才组成了一个完美运转的事业系统。因此，无须感到势单力薄，每个人的力量都如此重要。

当你真正将智慧与耐心投入事业中，你就不再是一个人。这时，你与你的事业、你所在的职业平台，就形成了一个有力量的整体。一方面，这个有你参与的整体促进了职业平台的发展，另一方面，更是为你积累了经验智慧，赢得更多尊重和肯定，财富也自然随之而来。

另外，培养你的"职业气场"也同样重要。对于任何人来说，你的办公桌连同你，一起构成了一个基本的职业能量场。你们的组合，是职场中的能量发射器。你在这里投入了最有效率的工作时间与思考，这是完全属于你的场域。因此，你有自由和责任改善它的能量环境，让它为你的工作成果锦上添花。清理桌面，只留下对你有帮助的物品，这是改善工作场域频率的重要行动。利用这个能量场，我们可以轻松提升职业气场。

什么样的物品才是对我有帮助的物品？首先，保持所有桌面物品的清洁是最基本的一步。对于清洁的物品本身而言，它们在能量频率上并没有较大分别。然而，一旦去感受这些物品对你意味着什么时，情况就大不相同，这就将意义带进了心念的场域。你怎样看待这些物品，它们能为你带来怎样的情绪能量，就显得非常重要。

检视所有的桌面物品，将它们依次放在面前，感受每一件物品在为你带来什么：这件物品给我怎样的感受？当我看到它，我回想起什么？只选择让你感受到活力与爱的物品，

第四部分
财富与事业

将这些最能为你带来正面能量的物品摆放在离你最近的位置。那些过期的文件、随手接过来的广告传单以及桌面垃圾桶,就让它们消失在你的办公桌上吧!桌面的洁净与能为你"充能"的物品,是你在职场中最得力的无声伙伴。

清理桌面也会为你带来财富的丰盛。这笔财富远不止是收入的提升,它可能会以你意想不到的方式发生作用。它也许为你带来更顺畅的人际关系、一个最适合你发展的职位、一群欣赏你的客户、一个你期望已久的社交机会。

在我的办公桌上只有两件物品:先生送给我的马克杯和手捧记忆面包的哆啦A梦。马克杯是在一次愉快的约会中先生送给我的礼物,当我看到它,就会回想起那一天的甜蜜时光,即使在工作中,也让我环绕在爱的陪伴里。这种爱温馨而不张扬,它为我提供足够的心力,支持我在工作中保持稳定与温和的状态。而哆啦A梦在学生时代就伴随着我。那时的我总是幻想,吃掉记忆面包就能拥有过目不忘的超能力。一直以来,记忆面包的"力量"都在潜移默化地影响着我,这种力量与我心心相印,让我确信自己在工作中时刻拥有着"神秘力量",能够出色地完成所有工作。

当你的办公场域本身就传递着活力、丰裕的能量时,即使你并不在工作场所中,这个由你创造的能量场域也会潜移默化地为你清理工作阻碍,疏通你的财富通道。这个能量场本身就能够协助你的工作。

实例4 热爱无须努力

我的一位个案曾经是服装店的营业员。在工作中与工作间隙，她都热衷于研究服装与色彩搭配，将各类服饰搭配到在她看来最舒心的状态，这与其他同事"把衣服挂在衣架上就好"的态度截然相反。在这样的状态下，她总能给予顾客最满意的建议，顾客常常为了更好看的搭配，成套地购买衣服，营业额大幅增长。在这种小成功的激励下，她开始系统研究服装的搭配技巧，身体力行地拍照与解说，并发布在网络。

就这样，她每天都被不断迸发的新鲜灵感填满头脑，逐渐地，有人愿意向她付费换取针对性的服装与色彩搭配建议，并推荐给身边的朋友。

某一天，她的上司向她发出了晚饭的邀请。在晚饭中，这位上司毫不吝啬地表达了对她能力的欣赏。接着诉说了自己的意愿：

"你有兴趣和我一起，来管理和发展我们的店铺吗？我非常欣赏你的能力，它足够将我们的店铺发展为一个有品质的买手店。如果你愿意，我可以为你提供投资与宣传。在服装的款式上，我不会做任何干预，你只要运用你的品位就好，

第四部分
财富与事业

我对你完全信任。"

她欣然同意。一直以来，她所做的每一分努力，都为了实现更高的价值。面对这样的机会，她明白，这是为了她的更高成长而来。在这样的一个契机下，她从为这家店铺打工，转为真正拥有了这家店铺的话语权。

现在她依然在同样的平台工作，但是，由于她增强了自身的力量，这个平台就能为她带来更大的价值。她不仅每天都能够做喜爱的事情，也为店铺和自己带来了远高于之前的收益。因此，若你不是一份事业的开创者，也不要将这里看作你"打工"的场所。你不仅有权利在这里发展自身力量、创造价值，更是相对自由，只要集中力量经营好自己的那份工作就好。这里不仅仅为你提供了学习与挑战，还能为你提供保护。

并没有白白走过的路。我的这位个案正是以这样踏实的方式，不急不躁，只是用心完善每一份经手的工作。由于她给出的每一个建议、每一次调整都真心为了提升顾客关于美的体验，因此，她在最初就依靠口碑开创了自己的一片小天地。随后，一切仿佛安排好了一样，她收获到了真正能实现自身价值的工作内容。

3. 一杯咖啡与一下午的闲谈——创业，看起来很美？

在互联网引发的一系列"地震"中，影响最大的莫过于我们的支付方式。如果说起支付方式上的创新，我们可能要领先美国三十年。而这也孕育了大量的创业机会。

如果你选择在咖啡馆度过一个下午，可能会有机会听到身边的人在谈论有关项目融资、运营或产品的信息。在当下，创业已经成了一种社会行为。然而，在经历了一次资本寒潮后，几乎百分之八十的创业项目都已经失败，真正能脱颖而出的项目少之又少。

换句话说，你听到的这些项目，很可能都普普通通，甚至未必会产生收益。"创业"这两个字听上去激情澎湃，充满"情怀"，但实际上大部分创业项目都蕴藏了怎样的价值信息？大多数创业者又陷入了怎样的职业误区？

试着留意这些创业者所谈论的内容，感受他们在谈论时所传递的情绪与身体语言信息。这些谈论项目的人，他们的关注点在哪里？

如果你有心留意，会发现很多项目的参与者，他们的工作讨论不仅缺乏效率，无法持续围绕项目本身，更是刻意追求"成功者"的闲适感受——整整一下午就在一杯咖啡和慵懒的闲谈中度过。

就这样，很多创业者在本该充分应用行动力与活力的时间段里，选择了毫无效率的交谈，却转而在深夜中做一些所谓的"计划与思考"。长此以往，这让他们总是显得辛苦劳顿。而实际上，这些创业者的项目进程往往推动缓慢，极度缺乏生命力。相比之下，处于这种状态下的创业者，他们三天的工作量也许并不能比得上很多团队几小时的工作成果。

创业，只是看上去"成功"就好吗？在当下的创业潮中，不乏一些盲目的创业者。他们还未能平衡好现实与理想的状态，就躲藏在自己标榜的"创业者"标签之下，自得其乐。然而，他们往往在应该最大程度发挥动力的时候选择慵懒享乐、谈人生理想，却在应该休息与储备能量的时候才带着疲惫开始做与工作相关的计划。

许多创业者，他们并没有找寻到创业的内核。创业并不是仅仅看上去很美，在一个项目诞生的时刻，你也同样迎来了心念与生命状态的新生。它会被你的生命光彩所滋养，与你的光芒相互辉映，共同成长。相反，在你慵懒闲谈时，你的项目并未被推进；在你虚度了白天的工作时间，却牺牲睡眠熬夜工作时，项目的状态也和你一样带着疲惫和拖沓。

总而言之，一个项目的运作，更多的也是人与心的运作。若你连自己的心念与状态都不能经营好，更无法推进项目的完善。创业状态不应成为形式上的时尚，在工作还未开展之时，就将享受"成功人士"偶尔的慵懒闲适当作常态，这无法让工作展现光芒。也许这种"创业"方式看起来很美，但它远远不是创业的必然组成要素，更不是创业本身。

三、找到你生命中的职业

1. 你想过去从事热爱的职业吗？

如果你翻开目录，就被这一部分内容的标题所吸引，那么是时候问问自己：你从事的工作是否是你热爱的？你是否想要"升级"目前的工作，使它更有乐趣？你如何评价你的工作，是将它当作"度日"的工具，还是借由你的工作，达成各个层面的自我实现？你的工作能否为你带来激情和快乐？

长久以来，很多人从事着完全不被自己认可的工作。如果在评价你的工作时，你认为工作的唯一目的只是"养家糊口"，那么，你会有更大的可能在不喜欢的工作中挣扎，辛苦赚钱，只换得少量的回报，刚好够你"养家糊口"。如果你从事的职业并不能为你带来滋养，不能让你充分燃烧你的"小

第四部分
财富与事业

宇宙",长此以往,你会变成一个慵懒而缺乏能量的人。

在你的工作中,很多问题产生的原因,只是由于你当前保留的惯有经验与所从事的职业,在之前的工作内容中或许能确保你得心应手,但实际上已经不适用于当前的情景。如果从前让你充满期待、能无比投入激情的事业,已经在很长一段时间无法为你带来快乐、成长与富足的感受了,这是不是已经到了该改善当下环境,或是离开这份工作的时候了呢?

尊重你的情绪状态,它们经常是在提醒你,可能这样的工作情景已经不能为你带来成长,该做出改变的时候到来了。

如果对于工作,你总有"被迫"这种感受,那么看看以下观念中是否有你熟悉的部分,它们也许是一个,也许是多个:

"赚钱与做喜欢的职业不能兼得。"

"我要马上放弃现在的工作去做一份我真正喜欢的工作吗?那我这段时间怎么过日子?"

"我喜欢的工作,收入的普遍水平不高,如果去从事,一定会入不敷出。"

"我必须先赚够一定的钱,才能开始从事我热爱的事业。"

"没有稳定的工资太不安全了,如果我喜欢的工作过于冒险,那我宁愿一直做这个我讨厌的'死工资'的工作。"

"我是一个平凡的人,能做出什么贡献,我连养活自己都难,能独善其身我就知足了。"

"日子本来就是这样的嘛,工作挣钱过日子,能生存最要紧,还矫情什么生活质量……过一天混一天,我爸妈就是这样过的。"

……

在职业生涯中,出现以上想法的并不是个例。大部分在职业中缺乏能量、"被迫"选择无法全心投入的职业的人,都有类似的观念。在如何找到生命中的职业这一课题上,他们既未理清思绪,也没有找到本心。

我们的父母也许经历过特定环境时期下的大匮乏,经历过工种被分配、工作量被安排的工作形式,而这种形式不能完全发挥自己的主动性与激情。在我们的童年经历中,父母对于职业和财富的态度往往植根于我们的潜意识中,潜移默化地成为我们观念的一部分。

然而,不同时代背景下成长的个体,对于财富与职业总会带着代表那段特殊经历的意识频率。比如经历过大饥荒的个体,在无意识状态下,总会带着"囤积"的观念,潜意识中害怕再次经历匮乏和失去,因此抗拒花费和享受,过度存钱,用户头的积蓄"取暖"。

花些时间与父母交流,去看看他们如何理解职业与财富的平衡,也许你会有更多感悟。去寻找,哪些观念本是属于父母的?哪些是我们潜移默化背负着的、"被迫"认同和承受

第四部分
财富与事业

的观念?

以上这些是潜意识对于父母表示尊重的方式。去辨别,哪些观念是你认为自然而然地、本就应该有的,所以你从未考察过它们在现在环境中的适用性。这些观念是否在影响你的职业选择?是否有助于你的职业发展?如果在父母所透露的职业观念与生活模式中,你找到了你并不想重复经历的部分,那么,请细细阅读这一部分的内容,你会在其中找到对你当前帮助最大的部分。

实例5　努力创业的背后

我的一位朋友,在两年中,连续经历了两次创业的失败,因决策错误而投入,经历了好一阵的大匮乏,连吃饭都需要借钱。

在第一次创业前,因为他身边喝茶的朋友多,便认为做茶叶品牌生意会是一个好的选择。"喝茶的人这么多,一定能赚很多钱",就是出于这样的动机,他开始了他的创业之路。这个品牌并没有经过任何打磨,也没有进行各方面调研,最重要的是,他对于茶的了解程度与普通人相差无几,更无法谈及发自内心的热爱与激情。在起了一个自认为有趣的名字之后,就直接进入了运营和销售的环节。可以预见地,他失败了,投入的资金也白白扔掉了。即使喝茶的人多得数不清,他的品牌和产品也没有被选择。

实际上,任何一个能够被广泛选择的品牌,本身就是有力量的——那是经营者心的力量。如果你在事业进行的过程中,只关注到"有利可图"这一个属性,那你并没有开启心的力量,你的力量只是源于对钱的"渴求"——这种力量让财富如此不屑,它并不能"说服"财富来到你身边。产品是创业者投入心念的延伸,一件真正受欢迎的产品总是散发着爱与服务的真心，它本身就具有正面的能量和吸引力。而一个只是为了圈钱而出现的产品，就犹如在脸上写着"我是来要钱的"，携带这样能量的产品，一定不会被消费者选择。

这位"励志"的朋友并没有气馁，马上开始了第二段创业。这次，他认为"互联网+"的流行概念一定会对创业大有裨益，因此准备开发社交平台APP。

在这段创业中，他吸取了上一段创业的失败经验，不再草率行事，对每个相关环节都努力查阅了相关资料，并找到了几个愿意在拿到投资前义务兼职的团队伙伴。在进行了初步的运营后，他开始寻求项目投资人。

然而，在寻找投资的过程中，遇到了很多阻碍。即使他将商业闭环设计得严丝合缝，投资人们仍不认为这个项目能够为用户提供便利、获得利润，初步运营所产生的数据也并不能说服投资人。"努力坚持一定会有结果"，他想。然而整整一年，他都无法拿到任何一笔投资，哪怕10万都好。随着之前义务提供帮助的伙伴们看不到希望而陆续离开，这个努力了整整一年的项目资不抵债，宣告失败。

显而易见地，在第二段创业中，他吸取了之前草率行事而导致失败的经验。在这段创业中，他试着在每一个可见的环节做到事无巨细，追求努力——努力收集资料，努力寻找投资。然而，失败的症结在于，他对这个项目既没有热爱，也并非真的想要服务于人，这只是一个"为了提供服务"而诞生的产品，它并没有深入到群体的需求。

也许你会有疑惑：只需要在这件事中加入热爱，就能够转变结果，拿到一笔投资吗？

事情并不是这样。对于事业的热爱并非像一个合作伙伴一样，能够在事业进展的任何环节中进入，还能维持理想中的进程。热爱是一切成功事业开始的前提，它为你赋予最深的内心力量。在这样的状态之下，你所完成的信息筛选与只是出于"努力"想完成任务所遇见的资料是完全不同的。在你带着热爱的时候，会更具选择适当信息的能力，你会更设身处地，真正从服务出发。只想要"努力"地工作，就像一场考试中"填满就好"的答卷，在这样的情境中产生的内容一定禁不住推敲。事业中的天时地利人和，都是你内心力量的显化。

"只要努力，就会成功？"

如何强调热爱的力量都不过分。无论你从事何种事业，当你对从事的事业并非发自热爱，而更倾向于体验努力的时候，那么，也许你真的只能体验到努力和辛苦，却未必会收获事业上的成果。"吃得苦中苦"这句话，一直以来总在被误

第四部分
财富与事业

解。若你对事业心怀热爱,那么,你所做的大部分投入都会是自发的,这并不需要"努力"。去看看那些事业成功的人,他们无一不是早就认定了想做的事业,并且用整个人生体验为之积蓄力量。也许在旁人看来,这很辛苦,但是,当你与他们靠近,一定会被激情的力量所感染——这些真心热爱事业的人,浑身都散发着价值的光芒,它告诉你,一切并没有那么辛苦,事业就是他们的"诗和远方"。

我们只要把"努"字拆分,就看到上半部分是一个"奴隶"的"奴"。在所谓的努力之下,你感到轻松自由还是"被奴役"?

文字中早已揭示出了关于"努力"的智慧,而我们很多人依然认为,只要努力就可以获得成功与财富。

回顾过去,你被"只要努力,就会成功"这句话欺骗了多久?它是否从童年开始就在影响着你?在学生时代,我们就常常被灌输:努力学习,睡得晚一些,才会有好成绩。却很少有人告诉我们,热爱与乐趣是学习最大的动力。类似那样的指导,往往是我们在人生最初形成"努力模式"的根源。很多人也将"体验努力"与取得好成绩画上等号。然而,在这种模式的影响下,往往很难有所收获,适得其反,反而形成用"熬夜""吃苦"来获取成就感的行为倾向。正如我们前面说过的,如果你对一件事更倾向于体验努力,那么你大概仅仅能收获到辛苦与疲惫。一旦这种观念被种植在我们的头脑中，就与我们一起成长，生根发芽，投射在生活的方方面面。因此，如果你意识到自己也同样被笼罩在这一模式的影响下，首先要做的，就是将"努力"转变为"热爱"。

2. 热爱让你脱离困境

一位男士的公司正处于艰难的转型期。一方面，他想要成功转型，并且已经有了令人兴奋的计划方案，而另一方面，他被公司目前的困境牵绊，动弹不得。与客户的沟通总产生误会，大客户维护不得章法，员工毫无斗志，公司营业额大幅下降，还差点摊上官司……美好的前景和烂摊子的现状形成鲜明对比，使他越发没有勇气和精力面对现在的问题。

这时，他的妻子对他说，"你要去热爱你的工作，无论现状有多糟糕，它都是由你曾经热爱的事业发展而来。也许，情况变糟是在提醒你：该做一些改变了，趁它还没有跌入谷底"。他接受了妻子的话，开始努力热爱起眼前这份糟糕的工作。他试着回想，在刚刚开创这份事业时，自己是怎样的心情。对待当时初具雏形的事业，他就像在呵护刚刚出生的孩子。而相对的，现在的他似乎对此少了很多耐心和关爱。他突然回想到，实际上，在公司中问题刚刚显露的时候，他就没有及时处理。

在接下来的工作中，他试着找回对事业的那份呵护，就

第四部分
财富与事业

像对待一个生病的孩子，悉心地照顾每一个问题。在这样做的过程中，他逐渐找回对于这份事业的信心和热爱，愿意花更多精力在工作上，真正面对每一个问题。他耐心分析亏损原因，花时间重新雇佣员工，亲自参与每一笔业务，与客户直接接触，倾听他们的需求。仅仅用了半年时间，他就将公司的营业额提升到与公司最鼎盛时期一样高。至此，他完全挽救了公司的烂摊子，不仅在当前的业务中游刃有余，还有足够精力去执行和发展新的计划方案。他对妻子说，自己并没有想到，热爱的力量能让他有如此收获。原本只是想脱离困境的他，得到了远远高于预期的回报。

如果你正在从事让你毫无乐趣的事业，想要离开却被迫深陷其中，那么请试着热爱它——至少做出"热爱的样子"。去思考，如果我深深热爱着这份事业，那么我将有怎样的情绪状态？现在我有非常热爱的事情吗？我在处理与那件事相关的问题时，有怎样的态度，这种态度与我对待事业的态度相比，有什么区别？比较并不断调整你对事业的态度和情绪，以最友善、最热情的方式处理相关事宜，就像对待最好的朋友。

当你对一件事情感到厌倦时，不要选择抗拒或逃避。逃避与厌恶都无法帮你脱离困境，只有"热爱"能够带领你找回内心的力量。任何消极的解决方式，只会让你更长久地被困在困境之中。一旦你试着"爱"这困境，就是在那个当下表达,"我拒绝把力量交给困境,我拒绝让困境持续消耗我的能量"。这样,你就拿回了自己的力量,避免将能量都投注在逃避与厌恶上,因为这只会吸引更多的厌恶。

3. 如何找到我的生命职业

在认清并改善了上面所说的常见问题与固有模式后,也许在你的事业中,已经发生了正向的改变。若你有巨大的动力去改善职业内容,并达成更高的成长,那么,这就需要花费心力去梳理这份职业的条件,将它更加具体化地带入你的生活。如果你发现了一项职业,它让你想要用心呵护,陪伴它一起成长,并以它为媒介,为这个社会创造你能力水平中的最高价值。最重要的是,在你经由这份工作创造财富的同时,你坚信自己也能成为一笔"闪闪发光"的财富,那么,这样的职业,就是你"生命中的职业"。下面这个练习能够协助你更有效率与智慧地找到你生命中的职业。

第四部分
财富与事业

练习1　找到你的生命职业

1. 我现在的工作是什么？我喜欢这份工作吗？我希望改变吗？

2. 我喜欢怎样的工作？是宽松并且人性化的工作氛围更助于提升我的工作效率，还是严肃紧凑、一丝不苟的企业文化让我更有精英般的成就感？

3. 我能接受的薪资如何？是每月固定的工资能够让我感到更安心，还是多劳多得的工资发放方式能激起我的工作激情？

4. 我希望一天的工作安排张弛有度，按照工作时间表上下班吗？还是我希望工作更有弹性，不需要坐班，只要完成工作指标就好？

5. 我理想的工作环境是怎样的，在室内还是在室外？我更喜欢在室内坐班，这样能节省体力，提高我工作时间的利用比例，还是喜欢常去户外，在各个场合完成我的工作任务，因为工作场合的新鲜感能够提升我的工作热情和效率？

6. 我希望每天的工作都非常充实，挑战接踵而至，还是希望工作任务有条不紊地进行，少一些不可预测性?

7. 在工作中,我能接受的暴露程度有多高?我完全接受抛头露面,享受经营个人魅力带来的成就感,还是更接受幕后的工作,尽可能较少展露我的私人生活?

8. 我擅长用怎样的工作方式?是与人打交道,把握大局,做团队的领头羊吗?与为团队做后勤工作相比,哪种是我能发挥更大能量的工作方式?

9. 我怎样看待加班?加班是带给我安全感和成就感,还是占据了我的私人生活,成为一种负担?我能接受怎样形式的加班?每日、每周加班几小时是我能接受的最高限度?

10. 我希望有怎样的上司?是严格要求,能严厉指出我所有的错误,针对我的情况给予我明确的成长方向,还是温和对待我,为我提供宽松的成长环境,因为我在摸索中成长会更有力量?

11. 我习惯与同事保持怎样的距离?尊重彼此界限,君子之交淡如水让我更轻松,还是像家人一样事事关切,如密友一般?

12. 我有多大的"事业心",对升职方式和机会持怎样的态度?是升职空间灵活,只要业绩出色就有升职机会的工作更适合我,还是稳定进步熬经验、熬履历,大家"一团和气",共同进步让我更能接受?

第四部分
财富与事业

13. 我一定要去找一份职业吗？我是否可以开创自己的职业？我想做什么呢？（同时可以运用上面的问题去检视与构想你想开创的这份职业。）

问问自己，你有系统考虑过以上的问题吗？

请仔细回答并写下每个问题的答案，选择一段时间，利用每天中的一段时间去修改和完善这些答案，使得它们能够最详尽地描述出你理想工作中的状态。

请你多花些时间与耐心，不断修改，尽可能描述出你能想到的每一个细节。请认真对待这一过程。

在这个过程中，你并不是在编写故事，而是在描写自己的职业蓝图。当然，我们的目的不是追求精确的描述，在描述的过程中捕捉你的内心想法才是这段过程的真正目的。也许你在描述与修改的过程中，产生了想要从事某一类职业的念头，请尽快将它记录下来，避免遗忘。在这一过程中，我们要做的只是记录那些闪现的灵感，而不是苦思冥想得到的结论——这很重要，苦思冥想得到的答案往往带有过往经验与固有模式的痕迹，相比之下，灵感总是更有价值——它是潜意识在为你指路。

你所寻找的生命工作也许并非固有的职业，同样存在着开创一个从未有过的职业的可能。总之，不要觉得任何想法是荒唐的，当你收到这种灵感的提示，就坚定不移地记录下来，并找机会投入尝试。确定生命工作的过程，实际上就是抛去思维杂念、他人附加观念、经验限制的过程，这一过程能够引领你，真正了解与认出你的生命工作。在你与生命工作相遇后，你一定会发现，它本就在那里，一直等待着你的到来。这份工作仿佛就是为你量身定做，让你在其中自由地驰骋，如果换成别人，一定没有你做得这么好。

读者感言

这本书我读得很慢，在阅读的过程中我常常停下来去细细思索体会，去反复推敲。与其说是一本身心灵修行指导，不如说这本书更像一本心灵成长的"教材"。就拿调用财富动力的角度来说，第一，从潜意识的角度来讲，这种分配比例就是养成了正确的习惯；第二，从能量意识角度来说，这就是形成了循环的能量场。这本书中每一个案例都非常易懂，可操作性强，内容活泼，特别是每一个实例与练习后的体会都使读者感到非常亲近。

——心灵咨询师

马上就要大学毕业了，我不知道我该从事自己热爱的动漫行业，还是该听从爸妈的意见去做与我所学专业工程学相关的工作。在学校里我成绩不错，身边的朋友、老师都劝我去应聘国企，因为稳定，有户口。虽然我每天表面上嘻嘻哈哈的，但他们都不知道其实我每天夜里睡不着觉，翻来覆去地想，如果我干这个了以后会怎么样？拿了户口我的工资够在北京买房吗？以后我孩子上学怎么办？其实我还没有女朋友呢！我没法跟我爸妈说这些话，我一说我痛苦、我烦恼，他们就会说现在的孩子怎么都这么脆弱，动不动就抑郁。再这样下去我怀疑是不是就要得抑郁症了？

这本书里面提到的练习、冥想，好像只需要我安静下来跟着做就行。第一次尝试后，虽然没有看到连接我的通道，不过在冥想中我一个人躲在宿舍嚎啕大哭，非常丢人。我想不管是不是看到那个通道，它都起了作用。我第一次知道原来我的内心是这么难过、压抑。抱着试一试的心态，我跟着书中所写的方法做了，神奇的是，在哭过之后我轻松了很多，最起码比借酒消愁要轻松多了。

  虽然未来的路我还不知道要如何选择,但最起码我开始面对我的内心了。相信经过一段时间的寻找,我一定能找到属于自己的工作。

——某高校大学生

由于本身职业是财经记者,我自认为对财富有着不同的理解。但这种理解就像隔着一层纱布一样,我只能将它往金融学与数字上面靠。在阅读过本书之后,我突然发现,不止每一个人,每一个企业都有自己的财富循环,这是成体系的,是科学的。这种解释将能量与社会实际产生的现象完美地结合到了一起!我突然对财富有了新的认识,并试图将它带入我的工作当中,尝试换一种角度去解读财经。

　　而从个人方面来讲,在读本书之前,我大概正处于事业上升的储备期——不上不下,不紧不慢,不近不远。在读过全文之后,我立刻开始尝试书中的练习。当夜,我成功地看到了自己的财富花园。

　　我的财富花园没有围栏,中间有一个圆形的花池,当我在花池中央躺下来时,发现上方飘来无数的叶子——原来我的花园里有这么多棵大树!我细细观察周围,又发现了几丛还未绽放花朵的灌木。

　　后来在本书中,我同样找到了解答——每个人的财富花园都不同,这个财富花园是与我们的事业类型相关联的。而我也找到了我个人的理解——我的事业大概属于需要积累的类型,毕竟任何一棵树的长成都需要长时间地积累。

  再度回首自己的工作时,我及时调整了适合自己的工作模式,无论是从心态还是从写作的角度,都达到了前所未有的最好状态。

——财经记者

财富于凡尘间的魅力大家有目共睹，世人为它生为它死，多少人为它赴汤蹈火，无畏无惧。

凡尘间一颗小颗粒的我当然也不能例外，身在日企这种等级分明的环境中，财富的积累就像搭积木，随着时间流逝一块一块地叠加。同样的，这些积木块也如同石头般压在身上，咬紧牙关一步一步往上爬，其实也只是为每个月工资卡上那小小的数字变化。

这就是我追逐的财富。

然而生而为人，毕竟也会想一想身为人的东西——"究竟我现在所追逐的，是可以追逐的东西吗？"

很高兴可以遇见这本书，赠予三十而立的我答案。

我终于可以停下绑了石头的脚步，静静地正视我所追逐的。

不用仰视，不用焦虑，微笑着在我心中，找到同样笑着对我眨眼的我的财富。

不，不是我的，我们并不用从属，我们不需要臣服。

你是我心中开出的一朵花，宛如月光般温柔皎洁，我们之间没有所谓的追逐。

财富从来不是束缚我们的荆棘，在那些所谓追逐金钱的过程中，让我们伤痕累累的永远是我们自己。

而这本书却如同解药一般，又或者是神之手指，轻轻地在额头上一点，就得到瞬间的开悟。

从情绪开始，到身体的各个通道，开悟中感受到能量慢慢地在体内欢快地奔跑，甚至延伸至身边的每个角落，又或者，真的连接到了宇宙。

因为这心中开起的一朵花，我开始审视内心的这片土壤，此刻开始，我应该搭起我的花架，拿起我的水壶，如同对待我自己——我该如何直视我的工作，如何完成将工作与自身的和谐构建，如何打通我的财富之流，以一种愉悦顺畅的姿态。

相信宇宙会因为我的转变，毫不吝啬地拥抱我。

感谢这本书的问世，感谢把宇宙的指引传递给我们的人。

——某日企高层管理

图书在版编目（CIP）数据

丰沛之旅：迎接财富与美善的觉知之路/淇雅著．—北京：华夏出版社，2017.1
ISBN 978-7-5080-8999-7

Ⅰ.①丰… Ⅱ.①淇… Ⅲ.①成功心理－通俗读物 Ⅳ.①B848.4-49

中国版本图书馆CIP数据核字（2016）第252844号

丰沛之旅：迎接财富与美善的觉知之路

作　　者	淇　雅
责任编辑	王占刚　王秋实

出版发行	华夏出版社
经　　销	新华书店
印　　刷	三河市少明印务有限公司
装　　订	三河市少明印务有限公司
版　　次	2017年1月北京第1版　2017年1月北京第1次印刷
开　　本	880×1230　1/32开
印　　张	6
字　　数	115千字
定　　价	29.00元

华夏出版社　网址:www.hxph.com.cn 地址：北京市东直门外香河园北里4号 邮编：100028
若发现本版图书有印装质量问题，请与我社营销中心联系调换。电话：（010）64663331（转）